科學觀 的 人文重構

——後現代人文視野中的科學

楊豔萍・著

自序

我們時代所期許的文化品格

　　後現代思想家的聲音似乎漸行漸遠了。十年前他們的聲音在中國人文學界振聾發聵，而今理查‧羅蒂剛於 2007 年 6 月 8 日去世，波德里亞也剛剛過世不久。在此之前，後現代哲學家德里達於 2004 年去世，布林迪厄於 2002 年去世，伽達默爾於 2001 年去世，利奧塔於 1998 年去世。他們到另一個世界聚會了，但他們的思想卻深深地沉入到中國複雜的人文土壤裏，與其他文化因素一起悄悄地醞釀新的文化品格。

　　然而這個文化醞釀過程是緩慢地，緩慢到快要到停滯的地步。具體的表現就是最近幾年對理論的熱度大大降了下來，到處都是一片應用研究的熱騰騰景象。是的，當下中國正處在改革開放的深入時期，即制度的改革和重構時期，尤其是行政制度和教育、醫療等保證社會和諧發展的制度的重構時期。應用性的研究成為當務之急。

　　然而，深深沉在制度層面背後，保證制度良好運行的是能夠有效支撐制度的文化因素。

　　而當下中國的文化土壤是異常複雜的。這份土壤沉積了五千年的中國傳統文化，包括書本的和民間的；以各種方式同以工業社會為基礎以科學為核心的現代西方文化發生了 150 年左右的碰撞；以及與最近 50 多年以馬克思主義為主導和以此為基礎構建的計畫體制成所形成的文化的交匯。當下中國的文化土壤主要就是由這三種文化

共構而成，簡單來說就是由中國傳統文化、現代西方文化和馬克思主義文化共構而成。這構成了當下中國文化的複雜狀況。這種複雜狀況還遠遠未能夠形成一個新的表達當下時代主要特徵的文化品格。

其中馬克思主義是中國當下時代主流文化的代表；中國傳統文化流淌在中國人的血液和基因裏，表現在舉手投足行為舉止的現實生活裏；西方文化猶如浪潮一波又一波地不斷湧入，每次湧入都會留下五色斑駁的貝殼，豐富和共構著我們的文化基因。

在這種狀況中，三種文化的碰撞與交融是不可避免的，試圖釐清他們所對應的現實也是很困難的。但他們相互激盪的過程顯然有一個共同的社會前提；就是中國通過 20 世紀 70 年代末期開始的改革開放解決了計畫體制對個人活力或者說創造力的制約問題，通過推行市場機制釋放和激發了個人活力和創造力，使中國的社會經濟狀況大大發展了。

隨之而來的是市場機制和工業制度的發展，引出了另外的問題就是市場機制與工業制度主要是通過刺激發財致富的欲望，通過技術創新來釋放創造力的。有時賺錢的欲望導致人們超越了道德底線甚至違法犯罪。比如有污染物排出的企業不顧環境的公眾利益而恣意排放有毒物質。典型事件是食品產業中不斷出現的醜聞即是賺錢的欲望所導致的不道德甚至違法行為，比如食品中添加可治病性顏料蘇丹紅的事件，再比如鹹鴨蛋中添加紅色工業顏料的紅心鹹鴨蛋事件等等不勝枚舉。這是市場機制和工業機制所引出的大量負面問題的小例子。而這些負面問題的產生，比如消費甚至浪費文化，環境污染等都有可能給人類帶來滅頂之災。

在當下，解決市場機制和工業制度所帶來的某些負面的問題已經迫在眉睫；其次，對於富裕起來的人們來說，另外一個問題是人

生除了錢和物質生活之外該要怎樣活著，即個人人生境界的提升問題。在當下中國這兩個問題是需要文化來解決的。

但我們遭遇的一種困境是，無論是中國傳統文化、現代西方文化還是馬克思主義文化在面臨這樣的現實問題的時候所給予的文化解答都相對乏力。由社會發展導致的文化分裂已經使我們的知識份子都在用自己的話語體系對現實做文化回應，而應者寥寥。所以，在這樣一個強調實踐的時代，思想的探索逐步讓位於應用的研究。而很多現實的、應用的問題的研究，其實是過渡時代的倫理問題，時過而境遷，與時而俱進。

因為階段性問題而轉移自己的研究方向，對於真正的思想者來說，也許不無遺憾。問題在於，在任何一個時代思想的探索都表徵著這個時代文化品格的高低。

另一個問題是：我們需要一個宏大的，能夠讓各方面都接受的思想或理論體系嗎？如果這個問題在黑格爾時代就已經解決了的話，那麼，在這一個複雜多元的中國社會結構中，我們所期待的就是不假人為，自然前行，積極探索，從不同主體出發共構我們這個時代的文化個性與文化品格。

20 世紀 90 年代逐漸傳入中國的後現代主義思想似乎給出了這樣一個共構新的文化品格和文化個性的思想能力空間。後現代主義以其對現代性的批判姿態，以其強調邊緣去中心化、強調傾聽、理解和寬容、強調不同文化界面的友好接觸，給出了進入不同文化性格的通道。但現實情況卻是，後現代主義在中國大陸猶如曇花一現，喧囂了幾年之後就日漸衰微了。

我也不能免俗，做完有關後現代主義方面的博士論文，在之後的一兩年裏還在修改，但是很快興趣點轉移了，轉移到了涉及制度

改革的應用性研究方面來。後現代主義方面的研究一擱就是三四年。然而現在卻發現在興旺發達的應用研究背後卻是反映當下中國時代特徵的文化品格的缺失。舊的文化品格被擊破，而新的尚未建起，文化建設是比制度建設更漫長和複雜的事情。

而在建設中國新文化的過程中，起正面建設作用的新元素之一就是科學文化，其中的科學精神和科學方法是中國傳統文化中非常匱乏的元素之一。而後現代主義的批判、解構不但有助於打破舊文化還有助於為新文化的確立提供可能的思想交流空間。所以，我個人認為，在建設中國當代新文化的框架下，在為建設新文化尋找起積極作用的新元素的目標下，「後現代人文視野中的科學」這樣的主題還是會有一些積極意義的。

另外的一層意思是，得知羅蒂、波德里亞仙逝的消息，屈指一數，那些以其思想、才華深深影響了我的個人學術累積的後現代大師們幾乎都已駕鶴西去。但正如老子所說的「死而不亡者壽」，文化慧命是超越時空的。我曾經深感做學問的一大樂事就是，你可以借助文本跟古今中外任一時空下的優秀人物學習、體會、領悟，甚至對話。每每於尺方桌前，像此刻在黎明前的夜裏感覺著清涼的晨風，眼光穿越遠方，體味著優秀人物的鮮活思想。羅蒂、伽達默爾、利奧塔、福柯，雖然他們的軀體已散為灰燼，但是對我來說他們不曾逝去，因為我見到他們的是足以遺之久遠的文本，過去如是今後仍如是。但是，今晨吹拂的微風中有著絲絲的憂傷慢慢地裹住了我，思緒也遠遠地逐向了深藍的夜空。

2007 年 7 月 25 日

楊豔萍

於北京靜實齋

目次

引論

科學與後現代主義互相矛盾嗎？

1996 年紐約大學的理論物理學家索卡爾（Alan Sokal）在一家名為《社會文本》的刊物上發表了一篇名為「越過邊界，走向量子引力的變革性解釋學」的文章。在文章刊出的同時，索卡爾又在另一份期刊上聲明這篇文章不過是模仿後現代派並對其嘲弄的遊戲文章。這就是在科學家與後現代主義者之間引起大論戰的「索卡爾事件」。由此引發的一個核心問題是，後現代主義與科學真的就是互相矛盾的嗎？

實際上，科學本身是有多個側面的：科學是一種知識形式，是一種實踐活動，也是一種組織體系。這些不同的側面構成了獨具特色的科學文化。科學的人文意蘊從不斷發展著的科學知識中滲透出來，也從科學家的行為中，從科學制度中體現出來。不斷更新的科學知識為人文思想的發展提供了非常重要的源泉。人類歷史中所積澱著的、流傳著的人文思想，也是為科學發現提供靈感的土壤。正是在文化的意義上科學與人文之間產生了複雜的聯繫。在當下時代中，科學與人文之間關係最為複雜、最為密切的莫過於後現代主義與科學之間的關係。科學家與後現代主義人文學者之間的激烈論戰則是這樣一種關係的外在表象。

　　後現代主義作為席捲全球的文化思潮，詹姆遜（Fredric Jameson）簡練而深刻的概括為「我們整個社會及其文化或生活方式中更深刻的結構變化的一種徵象」。（詹姆遜，1997，p.2）那些對人文社會科學影響廣泛的後現代理論家們正是以其各自的方式描畫出這一徵象。在有些人的描畫中有一個基本的事實，就是或顯或隱地表現出與科學有著不同程度的關係。其中，顯者如利奧塔以對科學的研究作為闡述其後現代思想的主線，福柯也是直接以科學為出發點闡述他的後現代理論；隱者如羅蒂和伽達默爾以科學為參照系構建自己具有後現代性的理論。那麼他們視野中的科學是怎樣一種形象？他們為什麼對科學有如此濃厚的興趣？科學與他們的人文研究有什麼關係？他們所論述的後現代主義與科學有著什麼關係？這就是在此所要探究的問題。

一、科學與文化關係的結構分析

　　在科學與文化之間似乎存在著千絲萬縷的聯繫，而且這種聯繫呈現出複雜的交織狀態。似乎科學與社會、科學與經濟、科學與宗教、科學與人文等等都可以納入到科學與文化這個大口袋中來。[1]那麼科學與文化諸方面的關係在這個「大口袋」中是否處於一種雜亂無章的狀態，還是有一個內在的結構呢？理清它們之間的關係，對於研究科學與文化之間關係中的某些具體問題是非常有必要的。尤

---

[1]　在此，科學與文化是科學文化與非科學文化的簡寫，其中非科學文化是指科學以外的文化，科學主要是指自然科學。科學文化就像一個細胞一樣生活在非科學文化的環境中，與環境不斷進行著交流與互動。

其對於研究「後現代人文視野中的科學」這樣一個主題來說，需要在科學與文化的關係上給它們定位，並以凸顯出它們在科學與人文研究上的獨特性。

科學與文化之間的關係並不是在哪一時刻瞬間形成的，它經歷了漫長的歷史過程。隨著科學的萌芽、建立和發展，在不同的歷史時期，科學與文化之間產生了不同的聯繫。這些不同的聯繫在歷史中積澱下來，在當下時代中以綜合的形象一起表現出來，因此就呈現出科學與文化關係的錯綜複雜性。隨著科學發展的歷史，倒溯回去，剝離層層疊積起來的科學與文化之間的關係，就可以看清科學與文化關係中所具有的層次性及其結構。

在科學的發展歷程中，古希臘早期的自然哲學，即米利都學派的自然哲學家們就道出了科學的本質含義。此時的科學實際上僅是哲學中的一部分，即其中的自然哲學。如果說哲學是對人和人類社會及人周圍自然界的認識。那麼科學或者說自然哲學不過是以自然為對象的一種認識。這一點正是科學的根本含義，也是科學的最重要之處。它表明科學的根本之處是科學知識，而科學知識的不斷發展就形成了人對自然界認識的不斷深入。

正是在認識中科學與人文之間形成了相對的領域，即對自然的認識及對人生和人類社會的認識兩個領域。正是在這兩個領域之間科學與人文不斷的互相交流，互通資訊。而能使這種交流千百年來綿延不斷的，是認識內容上的不斷更新和改變。在認識內容上，科學與人文之間的互相激盪構成科學與文化關係中最根本的一面。雖然，在當下時代科學已經與技術緊密的結合在一起，似乎科學最重要或最大的作用就是改變人類的生活、改變社會物質形態和自然的

物質形態。然而，科學知識的認識作用是這一切的基礎，科學知識的本質仍與古希臘早期的自然哲學一樣是對自然界的認識。

　　當西歐的歷史走到十六、十七世紀的時候，自然哲學發生了變革。自然哲學不僅僅是對自然的認識，而且這一認識通常是可以被觀察實驗所確證的，這正是現代意義上的科學。如果說古希臘時期的科學主要是從認識對象上來區別於人文的，那麼在十六、十七世紀以後，科學更從方法上區別於人文了。科學與人文之間的這種方法上的差異，使得可被科學事實確證的知識變得更加可信，甚至被當作真理。對確定性的追求一直是人類的一種信念。科學知識帶給人以信服的力量，或許這種力量使得科學文化日益成為文化的中心，實驗室或書齋裏的科學家代替了古代戰場上的豪傑成為現代的英雄。以這種方法為主從事科學研究工作的人們，似乎也形成了與政客、官員、藝術家等等非常不同的精神氣質。科學家與其他職業人群的精神氣質差異，成為科學與文化關係中的一個重要方面。

　　科學知識一般來說是被觀察或實驗獲得的科學事實確證了的，而這種確證是通過公開發表的文章，在科學共同體中獲得的。這是科學知識產生的核心方法。科學制度即是有意識或無意識的圍繞這一核心方法而建立。科學制度包括科學知識的傳授制度和研究制度。它們因著科學知識產生的獨特方法形成了不同於其他社會制度的特徵。這一特徵原則上是，每一個研究人員都有權力用科學事實證明或反駁另一位研究者的成果，而無論其種族、宗教、國籍等。在這種方法之上形成的制度就是一種原則上公正的制度。這種制度與企業制度、政府制度等其他社會制度之間的差異，形成了彼此借鑒的基礎。科學與文化關係方面的表現在制度上也體現了出來。

　　到 19 世紀，因著科學與技術之間關係的密切，使得科學與文化之間的關係又產生了一個新的而更富有生機的層次。廣義的說，科學通過技術與社會之間形成了複雜的關係，即科學與社會生活、經濟、政治等領域發生了緊密的聯繫。科學知識作為對自然界的認識和理解，成為技術發明取之不竭的資源庫。以科學知識為基礎的新的技術發明對社會生活、經濟和軍事等領域產生了巨大的推動力量。這種力量的效果，例如在第二次工業革命，尤其是其中的電氣產業革命和化工產業革命中顯現出來，整個世界隨著新技術的使用發生了翻天覆地的變化。此後，科學因著技術對社會產生的巨大力量，使得科學與社會成為科學與文化關係中最引人注目的一個層面。

　　科學與文化的關係隨著歷史的腳步在四個不同的層面上展開。第一層面是科學知識內容與人文科學內容之間的關係；第二層面是科學方法與人文社會科學方法之間的關係，及在此基礎上所形成的職業科學家的精神氣質與其他職業者精神氣質的不同；第三層面則是科學制度與社會其他制度之間的關係；第四層面，則是當下社會中影響最大也最普遍的，就是科學技術一體化與社會政治、經濟活動的聯結。

　　在空間上來看科學與文化關係中的這四個層面，則可以發現它們形成了一個以科學知識為核心的向外伸展的結構。此結構如下圖：

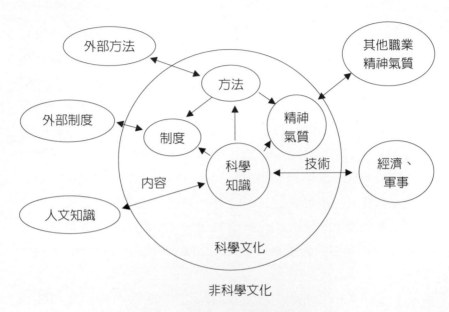

圖 1　科學與文化關係結構圖

　　在此圖中可以看出，以科學知識為中心，與文化產生了兩個方面的相互作用。首先是以科學知識所蘊涵的認識內容為基礎，分別形成了科學知識與人文知識在內容上的交流互動，以及通過促進技術發明的紐帶與社會的政治、經濟等方面產生的相互作用。其次，科學知識的獨特性所形成的獨特方法、制度以及精神氣質等科學與文化中其他相對應方面的互相影響。

　　理清科學與文化關係的結構之後，本書所研究的「後現代人文視野中的科學」就可以在此結構下進行定位，並凸顯出在特定歷史時空中科學與人文的關係。或者說凸顯出科學與文化關係在歷史中到目前為止，所表現出的最複雜時期的狀態及特徵，而後現代主義人文學者視野中的科學在表現這種複雜性時，具有相當程度的代表性。

二、後現代主義與科學

　　科學與後現代主義之間關係的錯綜複雜主要表現在，涉入的領域多，提出的科學與人文之間的問題富有時代感。比如探討這一問題的既有人文學者，又有科學家，還有一部分是處於二者之間的，或者說是特殊的人文學者即專門以科學為研究對象的科學哲學家和科學社會學家。人文學者建構後現代理論，同時導致了人文領域中的後現代轉向，也包括對科學研究領域（科學哲學、科學史與科學社會學）的後現代轉向。後現代科學的提出則標誌著在科學知識中也發生了後現代轉向，並為人文的後現代理論提供了自然科學的證據。下面就分別從對科學的研究領域、後現代科學和純粹的後現代主義人文領域分別論述後現代主義與科學的關係問題。

（一）後現代主義與對科學的研究

　　在對科學的研究領域中，不但有象庫恩（Kuhn）和費耶阿本德（Feyerabend）這樣的享譽整個學術界的後現代理論建構者，而且在科學史、科學哲學及科學社會學領域裏已經形成了某些具有後現代性的學術範式。庫恩《科學革命的結構》一書被認為是「20世紀最具有持續影響力的學術著作之一，……它的影響力從科學哲學擴展到科學政策和各門社會科學之中，……而且使哲學家感覺到社會學意義，使歷史學家感覺到哲學意義，使社會學家感覺到歷史意義」。（Fuller，1992，p.241、275）正是這樣一部幾乎影響了整個社會科學的書，為後現代理論的建構作出了貢獻。庫恩認為「外在實在只有在常常處於變化之中的範式假定的範圍內才能被理解」（庫恩，1962）。庫恩在此引入了歷史性、相對性的因素，在這一點上與

伽達默爾的「哲學解釋學」有著顯著的一致性。而關於不同範式之間的非連續性的強調，使人極易想起福柯的「考古學」。這些產生於20世紀60年代的思想從不同角度共構了後現代理論的各個層面。

費耶阿本德被認為是激進的後現代主義者。（Best，Kellner，1997，p.241）據不完全統計，在關於後現代主義的文獻中，被引用率最高的就是他提出的「怎麼都行」的口號。當然這主要是由於他旗幟鮮明地反對現代科學方法論。但是，他的「反對方法」的含義主要還是從他的科學哲學中得出。他認為「建構科學的事件、行為和結果都沒有一個普遍的結構」（費耶阿本德，1992，p.1），反對方法的結果就是沒有一個唯一的科學方法。他還清楚地表達但是沒有在《反對方法》中展開討論的觀點是「有許多不同種類的科學，西方或者『第一世界』的科學只是這些科學中的一種」（費耶阿本德，1992，p.3）。在這裏我們可以明顯地感覺到費耶阿本德通過對現代科學方法論的批判，解除科學在方法上所具有的優勢地位，並進一步批判科學中心論或者說西方中心論的觀點。他不但從方法論方面豐富了後現代主義理論，還更激進而徹底地對科學作為文化的中心地位進行瞭解構。也許由於他是科學哲學家的緣故，他的批判要比人文學者對科學主義所做的批判更能擊中要害，甚至有些矯枉過正。但正是這樣費耶阿本德與庫恩等人一起在科學的研究領域奠定了後現代的學術範式，也為逐步在整個人文社會科學領域建立具有後現代性的學術範式打下了基礎。

隨著時間的發展，後現代主義不但從對社會情緒敏感的文學藝術領域擴展到了哲學領域，而且正是哲學上的、理論化的後現代主義使得後現代主義本身有了更為廣泛而深入的擴張，即後現代主義已經在20世紀70～80年代深入到許多人文社會科學之中，並改變

著它們的研究立場。對科學的研究領域本身一方面處於這種人文社會科學發生後現代轉向的大環境之中，另一方面在這一領域中已經出現了後現代主義的先驅人物如庫恩和費耶阿本德等，那麼在這一領域中發生後現代轉向就是非常自然的事情了。具體地說，科學哲學、科學史以及科學社會學都發生了這樣的轉向，而新出現的女性主義科學研究則完全是站在後現代主義立場上的。

　　雖然庫恩被認為是後現代主義理論家，但是科學哲學的轉向，實際上在 50 年代由蒯因（Quine）就開始了。他在其著名論文「經驗主義的兩個教條」中，在批判邏輯經驗主義時提出了整體論和概念相對性的觀念。庫恩發生廣泛而深刻影響的「範式」概念，「僅是蒯因概念相對性的新版本，但它已造成科學史研究方向的轉變，進而帶來科學進化失去了其一貫的方向之感」。（曹天予，1993）庫恩所帶來的後現代主義轉向，不只是發生在科學史領域中，實際上是包括科學哲學和科學社會學的整個對科學研究領域都發生了後現代主義轉向。而這種轉向首先意味著科學觀和自然觀的轉向，並成為後現代主義者研究工作的基礎。這種轉向的自然觀、科學觀認為：（1）自然的一致性乃是科學解說的人為創造物；（2）事實乃是理論依賴，其在意義上是可變的；（3）觀察是一主動的詮釋過程；（4）知識主張乃是協商出來的。（柯林斯，瑞斯提佛，1983）在這種科學觀中，客觀性和真理性首先受到了質疑，實在論、認識論也受到了批判，而科學的形象、科學與文化其他部分的關係也都發生了變化。

　　在對科學的研究領域中更為激進的後現代主義者是建構論者。在自稱是建構論者的富勒（Fuller）的眼中，「科學家是積極轉變他們的工作環境以至於形成新名稱與新生活方式的人，而對於在一個理性主義者或實在論者所承認的『知識』上，也就是在『證實真實

的信念』上沒有什麼可做的。科學的進步點在於將會使世界遵從人
的意願,而不是用個人的智慧去領悟世界。」(Fuller,1994,p.497)
顯然後現代主義的科學哲學是用建構論代替了認識論,而這種建構
論的主要因素是社會的。建構論者提出了科學知識實際上是怎樣產
生和發展的問題,並把這作為理解科學的基點。這一問題正是科學
知識社會學(SSK)的主要問題。他們的代表人物巴恩斯(Barry
Barnes)、夏平(Steven Shapin)、柯林斯(Harry Collins)和拉都爾
(Bruno Latour)等,同時也是社會建構論者的代表。

　　科學史也一樣深受建構論的吸引。曹天予認為「對於一個科學
史家來說,在學術著作或通俗文章中要不遇到帶有社會建構論傾向
的論述是很困難的」。(曹天予,1994,p.1)這一點首先表現在研究
對象的變化上:從關注科學思想的邏輯結構轉向對科學活動的研
究,如實驗、技術、合作與競爭、共同體和機構都成為科學建構論
者的研究對象。其中夏平和謝弗(Schaffer,1985)對在 17 世紀作
為所有自然知識範式的實驗的出現的研究,很具有代表性。研究對
象的擴展更新了科學史的面貌;其次,社會因素成為了科學史研究
中的重要部分,並引起了內史和外史之爭。而且,不管是研究對象
的轉變還是對社會因素的強調,都不單純是把目標集中在對透過往
事來研究的實在論路線的重建上。在後現代主義歷史觀中,目標不
再是統一的、綜合的和完整的,而是一些零散的東西被作為注意的
中心,「建構論者會拒絕從他或她的研究中得出任何普遍性含義」。
(Fuller,1994,p.498)科學哲學、科學史中的建構論或者說社會學
轉向,是其後現代轉向的一個重要表徵,而「轉向的核心是對客觀
事實、對有其內在動力的自主理性和對進化歷史地深刻懷疑,或批
判地反思」。(曹天予,1993,44)

　　科學研究領域中的女性主義者與後現代主義的關係也十分密切。她們與後現代主義一樣傾向於批判壓迫婦女的具有本質主義、普遍主義的現代理論。而後現代主義對邊緣性、非中心性的強調無疑對女性主義具有感召力，而女性主義則幫助後現代主義提高了邊緣和逆心的價值，他們是相輔相成的。（哈奇，1988，p.262）在科學研究領域中女性主義者佔領了幾乎每一個可能的方面。（Gray，1996，p.378）其有一個重要特徵就是，在其中一些影響力非常強的女性主義者中，每一個人都以不同的方式努力製造著不可避免的張力，這個張力產生於承認科學像我們所知道的那樣是由社會所建構到了令人難以置信的程度（特別是「錯誤的男子中心論和歐洲中心論的普遍特徵」），然而仍舊能夠生產關於自然界的極其「可靠的知識」。科學研究領域中，女性主義者的另一特徵是她們拒絕總體敘事，甚至都不涉及到總體敘事，而是尋找規則背後的規則。（Gray，1996，p.379）

　　科學研究領域中的女性主義，她們的立場共性似乎遠大於科學哲學、科學社會學與科學史之間的學科分界，使得學科之間的界線也越來越模糊。這種特點同樣也表現在整個具有後現代性的科學研究領域中，這種科學研究集思想、實踐、機構、社會、政治、經濟、文化、傳統、歷史、認識論和方法論的討論於一身，其模糊甚至打亂了科學研究領域中幾個重要分支學科的界線。（曹天予，1993）諾沃特尼和塔什沃也認為科學史與科學的社會研究之間的界線日益模糊。（Nowotny，Taschwer，1996，p.423）而弗里德曼不但承認科學知識社會學對科學史有重要影響，同時還認為科學知識社會學不論在理論上還是應用上都明顯地具有哲學任務。（弗里德曼，1998，p.74）這都是對科學的研究走向一種後現代綜合的表徵。

（二）後現代科學

　　後現代主義與科學關係密切而複雜的另一種表現是有人提出了後現代科學，甚至把後現代科學視作現代轉向後現代的一部分（Best，Kellner，1997）。而且提出者既有人文學者也有科學家，前者如利奧塔、格里芬（David Ray Griffin）、費雷（Frederick Ferre）等人，後者如普里高津（Prigogine）、謝爾德拉克（Rupert Sheldrske）、博姆（David Bohm）、伯奇（Charles Birch）等人。後現代科學通常被認為是以一些概念為基礎，這些概念包括如有機體、非決定性、熵、或然性、非線性、相對性、混沌、複雜性和自組織等。而這些概念的學科來源包括 19 世紀產生的熱動力學、20 世紀的量子力學與相對論、生物學與生態學革命、控制論和資訊理論以及混沌與複雜性理論。這種轉向表明了與牛頓物理學的機械論、還原論、樸素實在論以及決定論的世界觀的決裂，從而表明了以後現代科學為理論支持的一種新型的世界觀。

　　但是他們提出或探討後現代科學的角度是不一致的。利奧塔提出的後現代科學是為他的後現代理論服務的，換句話說利奧塔正是從這些科學中看到了其所蘊涵的哲學意義。而且利奧塔在科學領域與當下社會中發現了相似特徵。20 世紀出現的一些新科學領域與牛頓物理學相對立，而 20 世紀中後期西方發達國家的社會狀態也與牛頓的人類學（如解構主義或系統理論）相對立。（利奧塔，1979，p.2）

　　普里高津作為一名科學家也認識到了後現代科學所蘊涵的哲學意義。他認為「科學目前正處於一種能對哲學基本問題有所貢獻的位置。當然，不是說能解決這些基本問題，但至少能使我們以一種新的方式去認識這些基本問題。……熱力學第二定律的含義和熵的物理

意義就表明我們正是生活在一個不穩定系統的世界中，一個在時間裏極化了的世界中」。（普里高津，1988，p.19-26）普里高津與利奧塔正是分別作為科學家和哲學家從這些被冠以後現代的科學中看到了同一問題，科學中所蘊涵的世界觀發生了後現代轉向。但是作為科學家的普里高津還看到了這些後現代科學所具有的特徵如不連續性、不可逆性、或然性等等正是人類社會的寫照，並認為「人類生存就成為自然界基本規律的一個最鮮明的體現」。（普里高津，1988，p.26）

他們把自然科學本身當作後現代世界觀合理性的根據，認為這些後現代科學是今天科學、文化和價值演變中，真正令人鼓舞的發展。（費雷，1988，p.119）

格里芬和他的合作者們，如前文提到的費雷、謝爾德拉克、博姆、伯奇等雖然與利奧塔和普里高津一樣都從後現代科學中看到了一些新的精神和觀點，但是他們更主要的是把後現代科學作為建設後現代社會和後現代全球秩序的一個重要的支持力量，而且還從後現代科學中看到了神性的實在和附魅的自然。顯然，在此後現代科學已經不僅僅提供了一種新的世界觀，而更是他們構造後現代世界的基石。

但是從後現代科學中引申出哲學意義，卻導致了在科學家與後現代主義者之間的一場持久而深廣的論戰。當然這場論戰的導火線就是索卡爾事件。科學家們一方面批判後現代主義者缺乏科學知識，對一些似乎引人注目的理論亂加引申、附會；另一方面批判科學知識是社會建構的主張。這表明後現代科學是一個有爭議的提法，但是無論如何從科學內部而言，後現代主義與科學聯繫了起來。而且後現代科學不但是後現代轉向的表徵之一，還為後現代理論提供了證據。

（三）後現代主義人文學者與科學

　　科學與後現代主義關係複雜性的另外一個重要表現還在於，後現代主義人文學者與科學複雜而多樣的關係。眾所公認的許多後現代主義理論家都與科學密切相關。其中福柯和利奧塔與科學的關係是最為緊密的。在福柯學術生涯的開始時期，法國科學哲學家和科學史家巴什拉（Gaston Bachelard）和康紀萊姆（Georges Canguilhem）對福柯有著重要影響。而福柯所做的思想史研究則是以傳統的貫穿著連續性與進步性觀念的科學史為比照而發端的，這對科學史的後現代轉向也產生了重要影響。曹天予（1993，p.48）認為「他對精神病、醫學、犯罪學和性的歷史研究是後現代主義科學史研究的範例」。而哈金則認為福柯研究的是「不成熟科學」的科學史。（Hacking，1979，p.176-185）

　　利奧塔與科學的關係除了前文提到的後現代科學並以此作為自己後現代理論的依據以外，利奧塔的後現代理論主要是通過對科學知識合法化歷程的回顧來表述的。他用科學與元敘事的關係來界定現代與後現代。在分析最發達社會中的科學知識狀況時，利奧塔發出了響徹整個後現代領域的「對元敘事失去信任」的主張。

　　科學主義是後現代主義批判的主要內容。後現代主義是反現代主義或者超越現代主義的，是對現代性的消解和批判，因此現代的特徵就成為後現代主義消解、批判的具體對象。人們一般都以現代科學（伽利略式的科學）的出現為現代社會的開始，這表明現代科學本身就是現代社會的重要標誌。而且正是現代科學促成了知識無限進步、社會和道德改良無限發展（哈貝馬斯，1992，p.10）的觀念。現代哲學就是在面對現代科學的挑戰中建立起來的。相對於中

世紀神學來說，現代哲學憑藉科學的力量減少了神性增加了的人性。後現代主義對現代性的批判，其中很大程度是直接或間接地批判科學主義，比如對客觀真理、理性、決定論等等的批判。羅蒂和伽達默爾與科學的關係主要就體現在對科學主義的批判中。羅蒂作為從分析哲學陣營中走出來的哲學家，在其根源上就與科學有著親緣關係。科學哲學家卡爾納普和亨普爾對他都有影響。他對分析哲學的反戈一擊，其中重要的一個基點就是對科學主義的批判，羅蒂的「後哲學文化」就是通過對科學方法論與科學實在論的批判建立起來的。伽達默爾則是通過批判解釋學中的科學主義傾向，建立起了他的關於人文科學的「哲學解釋學」。

德里達與科學似乎沒有太明顯的關係。但是他理論上的秘密被認為始於他那部不很受人注意的早年著作《胡塞爾「幾何學起源」引論》。（葉秀山，1989，p.96）而且他這部著作還被認為是他的《聲音與現象》一書的「導論」，是他後期著作框架的基礎部分。（Leavey，1978，p.8）胡塞爾在「幾何學起源」這篇文章中，追溯了被認為具有共時性和推理性的嚴格科學即幾何學的起源。胡塞爾認為幾何學公理被寫出來以前，在人們的生活世界中是依靠語言來溝通的，即科學與他的「生活世界」的溝通，因而具有歷時性。德里達發揮了胡塞爾在這裏所表現出來的關於時間的含義，並認為任何現在都從過去走來並通向未來，已經具有了其後來思想的雛形。德里達也就間接地與科學有了某種模糊的聯繫。

可以看出，後現代主義與科學的關係是複雜多元的，而且似乎是矛盾的。後現代主義在對現代性所做的反思與批判中，科學主義毫無疑問是一個主要的批判目標。科學主義作為現代性的主要特徵之一，成為後現代主義批判與質疑的對象。另一方面，科學又為後

現代主義提供了進行批判的武器，許多後現代主義理論家用科學成
果為自己的理論辯護。後現代主義者在用科學的矛攻科學自己的
盾，這似乎是一件滑稽的事情。但實際上並不矛盾，因為此時的科
學已非彼時的科學。20 世紀的科學思想與 17、18 世紀的科學思想
的距離，也許要大於 20 世紀科學思想與 20 世紀的人文社會科學思
想的距離。這是否意味著 20 世紀無論在自然科學領域還是在人文社
會科學領域都存在著可以嫁接的思想學術範式。後現代主義廣泛深
入到人文社會科學及自然科學領域，是否正是這種狀況的表現呢？
而庫恩的「科學革命的結構」與福柯對科學史的批判，都在說明科
學發展的非線性與不連續性，而那種線性的進步觀則是烏托邦思想
的一種表現形式。

三、探詢新時期科學與人文的交叉帶

以後現代主義與科學為主題，可以從多個角度進行研究。首先
我們可以就科學研究領域中的後現代傾向進行討論。在科學研究領
域中既可以分別研究後現代科學哲學、後現代科學史以及後現代科
學社會學，也可以弱化學科界線研究此領域中具有後現代傾向的共
性。另一個視角就是研究後現代人文視野中的科學。這有一個前提，
即後現代主義理論家的研究要與科學有著較為密切的關係，儘管他
們不完全以科學為主題。上文已經說明瞭那些被公認的後現代主義
理論家與科學的關係，顯現了這一研究角度的可行性。

但是到底要從哪個角度來做呢？研究科學研究領域中的後現代
傾向，毫無疑問非常有助於瞭解當下科學研究領域的狀況和走向，

有助於瞭解當下科學研究領域中各個學科之間關係的變化，更主要的是有助於瞭解後現代主義在科學研究領域中產生的影響，以及科學研究領域中的後現代傾向為後現代主義思潮作出了什麼貢獻。但是這一研究角度有一個前提，即對後現代理論要有較為全面而深刻的理解，必須對後現代主義理論家有過一定程度的研究，才能夠對深入到社會科學中的後現代主義有清晰的認識。可以看出，無論從哪一角度進行研究，對後現代理論家的研究是無法迴避的。研究後現代人文理論家對科學的論述，可以充分而具體的把握後現代理論，為進一步掌握科學研究領域中的後現代轉向提供理論基礎。這不僅僅因為從科學與後現代主義的角度來研究後現代理論家，更因為科學作為現代文化建構的主要力量，必然與現代性一起作為後現代主義者反思與批判的對象，因此在後現代主義文化思潮中，科學無論如何都是不可忽視的，以人文研究為主的後現代理論家有關科學的大量闡述同時也證明瞭這一點。

研究後現代主義人文學者有關科學的論述，更主要的是能夠探索後現代理論與科學之間的關係。而更具有意義的，是在後現代主義思潮中重新思考 C. P. 斯諾提出的兩個文化即科學文化與人文文化之間關係的問題（Snow，1993）。探討後現代人文理論家對科學的研究，是對這一問題的一個富有時代特徵的回答。自現代科學出現以來，科學文化與人文文化關係的問題就一直存在。在後現代主義文化思潮中，在後工業社會的狀況下，這一問題的解答是否有了新的變化？答案不是泛泛推理的產物，而是針對各位後現代主義理論家們從各自的視野中對科學所進行的具體論述進行具體分析，答案可能缺少普遍性，但卻是一個個實際的案例，從這些實際情況中或許可以得出一些東西來。

　　從科學主義批判的角度上，對後現代主義人文學者有關科學論述的研究，也是對胡塞爾、海德格爾、及法蘭克福學派關於科學主義批判研究的繼續。胡塞爾與海德格爾都被認為是後現代主義先驅，他們對科學主義的批判態度同樣也在後現代主義者那裏繼續了下來。他們繼續建構脫離科學影響的哲學。

　　人文學者有關科學的研究和論述對於科學研究領域來說，或可以起到他山之石可以攻玉的作用。利奧塔用維特根斯坦的語言遊戲理論理解科學研究與教育活動。他把科學知識的文字表述以及與文字表述連接在一起的活動都概括起來。同時利奧塔把與科學知識連接在一起的活動從研究擴展到教育，而後一方面正是科學研究領域工作者所忽視的。福柯對於傳統科學史的批判，以及他所做的研究，不但引起科學史家對傳統科學史的反思，還擴展了科學史的研究領域，並且在擴展領域的同時也表明自然科學與人文科學之間的界限似乎並不是那麼分明的。人文學者提出的後現代科學，有助於理解科學領域自身的轉向。而且還可以在哲學史尤其是在自然觀的歷史背景中探詢科學的發展脈絡，並尋找科學的哲學根源。

　　對後現代主義人文學者視野中的科學的研究，也是一個使後現代主義理論家研究更加豐富的角度。迄今為止，對後現代主義理論家的研究大多數是從人文的角度進行的，從後現代主義與科學的角度進行研究的還頗為少見。在大量的中外文獻檢索中，有針對某個個人的從科學角度的研究，如格雷研究利奧塔的文章「利奧塔所玩的科學遊戲」，在這篇文章中格雷認為利奧塔在對待科學的態度中，與 20 世紀初義大利的未來主義者對科學技術的熱烈讚揚沒有什麼區別，利奧塔實際上堅定處在現代主義陣營中（Gary，1996）。格廷對福柯的研究《米歇爾·福柯的科學理性考古學》對作為科學史家

和科學哲學家的福柯有了新的而有價值的理解，是對主要作為社會批判理論家的福柯形象的平衡與補充。（Gutting，1989）。關於羅蒂論述科學的研究，國內比較多，如郭貴春（1998）在《後現代科學哲學》中有關羅蒂的論述，賀雪梅（2000）的《羅蒂新實用主義方法論評析》等。而對伽達默爾無論國內或者國外，從科學角度對其研究都是鮮見的。這種從科學角度的研究與汗牛充棟的人文視角的研究相比則寥若晨星。而把與科學有著重要關係的後現代主義理論家放在一起，以科學與後現代主義為主題進行綜合研究，據筆者調查還未發現此類研究。這是否意味著這項工作不重要呢？其實，主要是這種研究處於兩大研究領域的交叉處，一般專業的科學哲學家不容易注意到這些後現代主義者對科學的論述，而人文主義者的視線通常都限制在人文領域之中。

四、後現代主義人文學者中的科學關注者

當談到後現代主義理論，必然就會有一連串的名字滑到嘴邊：德里達（Derrida）、德勒茲（Deleuze）、加塔利（Guattari）、鮑德里亞（Baudrillard）、福柯、羅蒂、伽達默爾和利奧塔等人，而這些名字所代表的是風格各異的後現代景觀。從他們的文章和著作目錄上看，他們基本都是比較純粹的人文學者，但在與科學的關係上，這些人可以有一個分野，即利奧塔、福柯、羅蒂和伽達默爾等與科學有密切關係的後現代主義者和德里達等相對遠離科學的後現代主義者。

德里達倡導的解構主義主要是在對文字語言學的研究中展現出來的，並達到對以邏各斯為中心的西方哲學史的顛覆。德里達的後

期研究，則可以認為是解構主義實踐時期，他用解構主義理論對社會、政治進行批判和揭露。德勒茲和加塔利的後現代思想主要體現在他們合作的《資本主義與精神分裂》這部書中。其上卷《反俄狄甫斯》，主要用欲望經濟學對抗資本主義經濟學，強調欲望的流動特性，認為精神分裂過程是顛覆資本主義的一個必要過程。而在下卷《千高原》中則用塊莖狀思維將哲學之樹及其第一原則連根拔起，以此來解構二元邏輯。（凱爾納和貝斯特，1991，p.128）。鮑德里亞則側重於在以資訊與服務為主的後工業社會中，考察消費活動的意義結構。而且他認為後工業社會在文化上就是一種後現代世界，這是一個虛無的世界，不存在意義，理論漂浮於虛空之中。他過份地被後工業社會的新穎表象迷惑了，只看到了符號或者資訊虛無的一面，但是不管符號以什麼形式虛擬了現實生活，現實生活還是符號得以產生的真實來源。

鮑德里亞關注的對象是非常獨特的，即普遍而被忽視的消費現象，就像馬克思從商品入手分析資本主義一樣。德里達關注的研究對象雖無特別之處，但是在語言和聲音中消解了意義的確定性。德勒茲和加塔利則從對現代性的批判中解放出流動的欲望。在對這不受人注意的對象的研究中，他們對現代性進行批判和解構。但是他們並不理會承載現代性的現代科學，他們找到了其他直達現代性的通道，進行批判和揭露。

格里芬（Griffin）的《後現代科學》在國內曾經頗引人關注。一方面是其提出的建設性後現代主義，另一方面當然是中文譯者標出的醒目的「後現代科學」的書名。似乎在這專門研究後現代主義者有關科學論述的專題中，理所當然地要對格里芬進行重點研究。但是，筆者認為，一方面格里芬雖然是神學家也屬於人文學者陣營，

但並不是後現代主義理論家。他沒有提出被廣泛討論和引用的後現代理論。另一方面，他所提出的反魅的科學，不過是要恢復某種具有宗教情懷的神秘性，利用了以控制論為基礎的生態學等。

　　前文在「後現代主義人文學者與科學」一節中，已經簡單介紹了與科學關係密切的後現代主義理論家，即利奧塔、福柯、羅蒂與伽達默爾，他們也正是這篇論文的主要研究對象。他們在思想領域中都有非凡建樹，而他們的哲學卻與他們對科學的關懷緊密相聯。這正是我對他們進行研究的重要原因。在他們的研究中，分別從不同的角度切入到科學文化與人文文化的關係研究中來。他們的不同研究視角，恰好使科學與人文關係的歷史在互相映照中顯露出來。對科學的研究領域就在這一科學與人文的關係史中，重新定位。對科學的研究這一領域本身中各個分支之間以及與新生視角的關係，也在這一大背景中得以澄清。

　　選此四人的另一個考慮是他們都來自西方主要國家，這些國家同時也是後現代主義的發源地。利奧塔、福柯、羅蒂和伽達默爾分別是法國人、法國人、美國人和德國人，他們都非常具有各自國家的學術傳統，並且在他們的研究中表現了出來。

　　利奧塔 1924 年出生於法國凡爾賽，1998 年在巴黎去世。對社會狀況的熱切關注是他一生事業的中樞，這把他的社會活動和大部分重要著述聯繫起來。[2]在生命的不同時期，利奧塔對社會的關注採取了不同的形式。他早年曾積極參加政治活動，奉行「實踐哲學」（philosophy of praxis）。在 20 世紀 50～60 年代，他在法國左翼組織「社會主義或野蠻」（Socialisme ou barbarie）中長期從事所謂「反

---

[2]　此部分的評述以「利奧塔研究述評」為題，發表在《哲學動態》2001 年第 2
　　期上。

剝削、反異化的事業」（Lyotard，1988，p.17）。從 70 年代開始，利
奧塔對社會的關注採取了另一種形式，即從政治實踐者的街頭進入
學者的書齋，以寧靜的方式研究社會。

　　正如西姆（Sim，1996，p.xvii）所說，「在利奧塔的思想中，後
現代是伴隨著整個文化傳統中信仰消逝的行動而產生的」。經過失去
信仰和放棄行動之後的思考，利奧塔逐漸形成了他的後現代主義思
想。這些思想主要是在《後現代狀況：關於知識的報告》（La
Condition postmoderne: rapport sur le savoir，1979）、《公正遊戲》（Au
Juste，1979）和《差異》（Le Différend，1983）等著作中展開的。《後
現代狀況》是對他關於後現代主義思想的有力說明，是對當代知識
特別是科學知識的合法性問題的探討，他在書中主張知識是在不同
社會實踐的邊界上進行權力鬥爭的反映。《公正遊戲》採用柏拉圖的
對話方式，討論在後現代世界中最有爭議的問題，即評價的根據問
題。《差異》則是他最具哲學味的具有密集結構的著作，他深深地沉
入在哲學史中，同柏拉圖、亞裏斯多德、康德、維特根斯坦等人進
行對話，討論公正與政治行動。利奧塔這幾部書集中處理了他所關
心的評價、公正、不可通約性和總體性等問題。

　　在對上述基本問題討論的基礎上，利奧塔的後現代思想廣泛延
伸至許多領域。據筆者初步統計，從 1971 年至 1998 年，利奧塔出
版了約 38 部專著和文集[3]，研究主題涉及政治學、藝術、美學、心
理分析、語言哲學、科學哲學、社會批評甚至文學評論。這些著作

---

[3]　數字是對E.Yeghiayan發表於互聯網上，R.Harvey與M.S.Roberts列於*Toward
the Postmodern*，A. Benjamin列於*Lyotard's Reader*，S. Sim列於*Jean-Francois
Lyotard*等書之後的利奧塔文本目錄以及研究利奧塔的文本目錄所作的整理
和統計。

中關於藝術和美學方面的著作大約有 14 部，其他方面還有如對異教主義和知識份子問題的討論，對康德的研究，以奧斯威辛為象徵的對納粹的研究，以及關於自己思想演變的論述等方面的著作。

利奧塔的文章和著作被譯成英文、德文、荷蘭文、西班牙文、義大利文、中文、韓文、立陶宛文、葡萄牙文、塞爾維亞-克羅地亞文、丹麥文、捷克斯洛伐克文和保加利亞文等 13 種文字。其中英文譯文最為全面，涵蓋了利奧塔的大部分著作。從 1984 年《後現代狀況》被譯成英文出版，到 1999 年，利奧塔著作的英文版達到 20 部左右。

福柯 1926 年出生於法國西部的普瓦蒂埃，1984 年去世。他與許多著名的法國哲學家一樣畢業於巴黎高等師範學校，與利奧塔是同學。他雖然在阿爾都塞的影響下加入了法國共產黨，但並沒有像利奧塔那樣專職從事於實踐哲學。福柯求學期間先後獲得了三個學位，首先是哲學學位，1951 年和 1952 年分別獲得心理學學士學位和精神病理學學士學位。後一專業的學習與他開始學術道路大概是很有關係的，因為他最早的兩部著作都是有關精神疾病研究的。福柯在學術道路開始時，就確定了自己的研究方向，並始終貫徹下去。這從他 1953 年出第一部書《精神病與個性》一直到最終未完成著作《性史》，中所表現出來的主題和風格的一致性中可以看出來，福柯的著作充分反映出他是歷史學家與哲學家結合的典型。他的哲學論述是以大量的歷史研究為基礎，雖然他的工作看起來比較冷僻，但是翔實的歷史研究使得他的哲學觀點顯得厚重而有說服力。

羅蒂 1931 年出生於美國紐約。他的哲學生涯開始於分析哲學，因為當時的美國，如果從事哲學的話除了分析哲學是別無選擇的。他在分析哲學領域中從事了 20 多年的研究，其中受到了邏輯實證主

義者卡爾納普的影響。而維特根斯坦的《哲學研究》不能不說是引導羅蒂思想轉變的重要原因。他寫到「我第一次讀到維特根斯坦的《哲學研究》，它給我的印象就大不相同。這樣我就從一個舊派的哲學家變成了一個新派的分析哲學家，這一轉變部分地是由於同輩人施加壓力的結果。」（羅蒂，1983，p.80-81）羅蒂雖然是分析哲學家，但是他受家庭的影響也很深，主要來自他父親對民主、自由的強調，另一方面還深受美國實用主義哲學傳統的影響。羅蒂就是在國家傳統與家庭傳統中繼承了實用主義。另一方面對羅蒂的主要影響就是歐洲大陸哲學，尤其是海德格爾的哲學。

伽達默爾於 1900 年出生，於 2002 年春天逝世，德國人說他活在三個世紀裏，更是理所當然的 20 世紀的哲學家。第一次世界大戰對德國物質上的打擊慘重，同時也打擊了德國的文化信仰，尤其是青年們不再相信既存的哲學。伽達默爾正是在這種氛圍中走上哲學之路。伽達默爾在自述中承認施本格勒（Spengler）的《西方的沒落》和萊辛（Lessing）的《歐洲與亞洲》對他去除歐洲中心論的思想有著極大作用。然而對伽達默爾影響最大的是海德格爾，他不但在海德格爾的影響下研究古希臘哲學，並繼承了海德格爾對存在的理解，發展出了哲學解釋學。

利奧塔、福柯、羅蒂和伽達默爾作爲在理論界影響深遠的思想家，國內已有學者對他們做了專門研究。例如秦喜清在《讓-弗·利奧塔》一書中對利奧塔的思想和著作進行了整體介紹。而莫偉民在《主體的命運——福柯哲學思想研究》、劉北成在《福柯思想肖像》、王治河在《福柯》一書中均對福柯的思想及著作作了較爲詳盡的研究和介紹。張國清在《無根基時代的精神狀況——羅蒂哲學思想研究》，及蔣勁松在《從自然之鏡到信念之網——羅蒂哲學述評》兩部

書中亦對羅蒂的著作情況有詳細的介紹。嚴平在《走向解釋學的真理》一書中對伽達默爾的著述也有詳細介紹。在此就不再重複了。

　　利奧塔不但是公認的後現代主義理論家，而且在這四個人中也是對後現代主義表現出最大熱情的一位。更主要的是他的後現代理論是通過闡述科學知識的合法化問題來表達的。因此把對他的研究作為第一章。福柯與利奧塔同屬於法國哲學家，而且福柯在學術淵源上可以說從科學史開始，他的研究內容也與科學有著親源關係，第二章就對福柯進行研究。羅蒂和伽達默爾主要是在建構自己的哲學時與科學有密切的聯繫。科學主義批判是他們對現代性批判的一個主要部分，他們就是在反思、批判現代性中建構起了自己的哲學，分別在第三章和第四章研究。

　　但是在對科學的研究中，無論何時科學文化與人文文化的關係問題都是很重要的課題。尤其是當社會狀況發生巨大變化，在「後工業社會、後現代文化」的新時期，科學與文化等的關係問題，是一個亟待思考與理解的問題。而一些具有後現代主義者稱號的哲學家，那些並非以科學為研究對象的專業科學哲學家，在他們的研究中，科學竟然佔據著相當重要的地位。尤其是利奧塔和福柯。非科學哲學家對科學研究有如此大的興趣，這本身就是一個值得研究的現象。而他們對科學研究的出發點和研究特點則可以有許多值得借鑒和學習之處。同時他們還繼承了另外一個傳統，即非專業科學哲學家對科學的研究傳統。在某種意義上說黑格爾和康德都是科學哲學家。更重要的是利奧塔等人對科學的研究，尤其是作為後現代主義者對科學的研究，他們的主題是對現代性的批判與反思，而科學主義是這反思批判的中心。通過他們的研究，科學文化與人文文化的關係問題，得到了再一次的梳理。這種梳理可以豐富在文化中對

科學的理解，也更有助於理解科學在當下社會中的狀況。此外，他
們的研究同時也呈現了對科學研究的綜合性態勢，科學與社會也成
為他們的研究重點。

第一章

游移於現代與後現代之間
——利奧塔視野中的科學與文化

　　讓-弗朗索瓦・利奧塔（Jean-Francois Lyotard，1924-1998）的一生是多彩多變的，他的學術探索也是多方位多領域的，但是只有他闡述的後現代理論才使他享譽世界。他不但被稱為「傑出的後現代哲學家」，更一般地被認為是「著名的後現代理論家」。他作為後現代主義大家被世人接受，並帶著這一稱號溘然長逝。（Saxon1998，Maggiori，1998 p.37-38，Groot，1998，p.9）。

　　如果說德里達（Jacques Derrida）的後現代思想主要體現在其對文字語言學的研究中，鮑德里亞（Jean Baudrillard）的後現代思想主要體現在對當代發達資本主義社會消費活動意義結構研究中的話，那麼我們就可以說，利奧塔的後現代思想主要體現在對最發達社會知識狀況即科學技術狀況的研究中。

　　對科學技術狀況的研究主要體現在被西姆（Stuart Sim）喻為「後現代主義聖經」（Sim，1996，p.30）的《後現代狀況——關於知識的報告》一書，以及一些書信和演講中。翻開此書的目錄，第七章「科學知識的語用學」與第十三章「研究不穩定性的後現代科學」兩個研究科學的專章標題赫然入目。不僅如此，利奧塔開篇即明確提出他的研究範圍是「資訊化社會中的知識」（利奧塔，1979，p.1），

這就表明他是以技術化來標識我們這個社會以及這個社會是以知識為時代特徵的。他的研究主題關注的則是科學、技術與社會的問題。

最近幾十年，在對科學、技術進行研究的領域中，科學、技術與社會（STS）這一問題域已經成為該領域的顯學。世界上眾多大學紛紛以此為名稱成立系、研究所或者研究中心，同樣以此為名稱的學術刊物也紛紛出現。通常，STS 研究的理論基礎主要是社會學，研究人員也大都以科學、技術作為自己恆常的關注對象。然而，作為國際公認的著名後現代主義理論家、哲學家讓-弗朗索瓦‧利奧塔卻以迥異的風格、獨特的方法也做了一番 STS 研究而且這項研究奠定了他後現代哲學大師的地位。但是在對科學、技術進行研究的領域中，甚至在 STS 研究中，利奧塔並沒有得到相應的重視，也許與他作為比較純粹的人文學者的身份不無關係。但是，正是作為後現代主義哲學家，這一對我們的領域來說較遠的 STS 研究，才會給我們帶來新鮮的感受和啟發。此外，利奧塔在用語言遊戲理論處理科學、技術與社會的問題時，分別吸收了科學哲學家波普爾（Popper）、庫恩和費耶阿本德的思想，並轉換、整合了他們的語言。可以說，利奧塔的科學觀對論證其後現代思想起著主要作用。其後現代思想與其科學觀水乳交融、不可分割。

在對利奧塔研究的幾百篇文章和數部專著中，我們發現有幾篇文獻的作者注意到了「利奧塔的後現代思想與科學的關係」這個問題。格雷（Chris H. Gray）通過分析利奧塔對科學技術的態度，對利奧塔的觀點作時代定位（Gray，1996，p.367）；彼得斯（Michael Peters）探討了利奧塔關於技術、科學、理性與大學關係的見解（Peters，1989，p.93）；李三虎概述了利奧塔的後現代科學哲學思想（李三虎，1998，p.68）；袁鐸對利奧塔關於科技理性主義的批判進行了評述（袁

鐸，2000，p.91）。然而，與利奧塔的科學觀在其後現代思想中所占
的地位相比，這些工作在汗牛充棟的利奧塔研究文獻中似乎寥若晨
星。更全面地探討利奧塔視野中的科學與其後現代思想的關係是一
件非常有必要的工作，這件工作對於理解科學與後現代主義的關係
是不無意義的。

一、起因：永遠關注社會

　　對社會狀況的熱切關注是利奧塔一生事業的中樞（楊豔萍，
2001，25）。早年他曾經積極參加政治活動，在他 30 歲那年即 1954
年加入法國左翼組織「社會主義或野蠻」，並在此後的 15 年中，把
全部的精力和熱情都投入到這個組織的活動中。隨著 1968 年法國 5
月風暴事件的爆發，他的信仰動搖了，不相信辯證法並放棄了馬克
思主義。在 70 年代他開始了著書立說的學者生涯。然而，過去的生
活以及馬克思對他的影響並未徹底消逝，實際上沉入到了其作品和
思想的深處。他對社會還是一樣的關切，他也還像馬克思一樣以對
社會的現實研究為根本。正是這一點使他的哲學與眾不同。

　　在哲學的歷史上，曾經有這樣一種研究理路是佔據著優勢地位
的。即把由良心決定的善或者把由理性決定的真理作為其哲學基
礎，這一基礎成為考察行動的理論和根據，而這種理論和根據優先
於任何既定社會的實際狀態。（威廉姆斯，2002，17）比如柏拉圖的
絕對理念、黑格爾的精神生命，都是這樣的理論和根據。利奧塔的
哲學與此完全相反，他的哲學把處境放在首要地位，它研究在既定
處境下，什麼是可能的，什麼是不可能的；什麼是善的和公正的，

什麼不是善的和不公正的。(威廉姆斯，2002，18)比如利奧塔的《後現代狀況》一書，就是這樣一種哲學立場的典型代表。他研究了一個位於特定時空而且頗具典型的社會，即 20 世紀 70 年代末期西方國家也就是當時最發達社會的社會狀況。而不像柏拉圖或培根那樣描畫頭腦中的理想或理論社會。

利奧塔研究 20 世紀中後期的西方發達國家，是因為這一特定時空中的社會已經發生了根本變化。此時社會不再以大工業生產為主，而是以農業和工業以外的第三產業為主的後工業時期，這一時期的文化也被稱為後現代文化。後工業時期社會的典型特點是資訊化和知識化。資訊化是由於資訊科學技術不斷滿足社會對資訊傳遞的需求，使得當下社會的資訊傳遞方式與效率發生了實質性的變化。以至於資訊的產生與傳遞所需的硬體、軟體及服務，成為引發當下社會經濟、文化變化的核心力量。整個社會正經歷著資訊化的改造。網路的出現和使用正在使資訊傳遞變得更加透明和迅捷。知識作為資訊傳遞的一項主要內容，隨著資訊傳遞方式的改變，也正在發生著變化。利奧塔認為資訊傳遞方式的改變，同時也改變了知識的性質。知識的傳遞變得可以脫離擁有知識的人。(利奧塔，1997，2)

當下社會的知識化則主要是指科學知識在社會經濟政治生活中越來越大的作用和影響。以至於人們認為當下世界的生存和發展如果沒有科學技術，則是難以想像的。地球上 60 多億人口的吃穿住行問題，如果用原始的方法是根本辦不到的。如果說在 17 世紀英國貴族的沙龍裏談論科學，是因為它是時髦、高雅的文化。而現在科學技術可以說是人類的「衣食父母」。利奧塔意識到，資訊化與知識化正是 70 年代中後期的西方發達國家所呈現出的與以往社會完全不

同的特點。理解當下的社會就必須理解當下社會中科學、技術與社會的關係。

　　利奧塔從三個層面探討了科學技術與社會的關係。他為了能夠更清晰地說明最發達國家的社會狀況，利奧塔首先對科學重新作出了概括，即提出了科學遊戲的概念。關於這一概念的提出，他吸收了維特根斯坦的語言遊戲理論並整合了科學哲學家波普爾、庫恩等關於科學的論述。在此基礎上，利奧塔按照文化的歷時發展順序創造性的把文化分為科學文化與敘事文化，並提出了與敘事語言遊戲相對的科學語言遊戲理論。

　　在對科學作出了個性化說明的基礎上，利奧塔從三個層面論述科學與文化的關係。第一個層面，發生在 19 世紀，在科學文化與敘事文化之間發生了精神或氣質上的共鳴。具體說來，一是科學文化的進步性與啟蒙敘事的進步性的共鳴，二是從對自然的認識和理解角度來說，科學內涵於德國思辨哲學中，以便對世界形成一個統一的認識體系。第二個層面，利奧塔看到了在 20 世紀，科學的實用性所產生的巨大力量，即科學理論變成新技術之後對社會、政治、經濟生活的巨大影響。尤其是利奧塔看到了宏偉敘事就在社會追求最高性能比的目標下紛紛瓦解，社會因此也被稱為後現代社會。第三個層面表現為利奧塔在科學遊戲中尋找社會公正的根源。在這一點上，利奧塔這位永遠關注於社會的哲學家在後現代社會狀態之中重新尋找一個宏偉敘事就是關於公正的敘事。他是一位游移於現代與後現代之間的哲學家。

二、利奧塔的科學遊戲

利奧塔在研究 20 世紀 70 年代發達國家的知識狀況問題時，採用了非常獨特的思路與方法。首先，他對科學給出了自己與眾不同的理解。然後，在此基礎上探討當下社會中科學知識狀況問題或者說社會狀況問題。

在利奧塔對科學的說明中，有兩個關鍵詞即敘事和語言遊戲。利奧塔從語言遊戲的角度對科學和敘事作出了界定，提出了不同遊戲規則的敘事遊戲和科學遊戲。並對文化重新做出了劃分，他認為人類歷史曾經主要是敘事文化，當科學出現之後科學文化才逐漸形成，目前科學文化成為當下社會的主要文化。利奧塔就是在這兩種文化的對照中來闡述他對科學的理解，並分析當下社會的知識狀況。

語言遊戲一詞來自於維特根斯坦（Ludwig Wittgenstein），是其哲學中的一個重要概念。而這一辭彙卻與 20 世紀早期發生的哲學轉向有著密切的關聯。19 世紀末 20 世紀初，西方哲學發生了嚴重危機。其傳統的研究對象正在失去。超離人類的上帝被科學推翻，對自然界的研究成為了科學的專門領域，而精神世界（心的領域）則被心理學佔有。使哲學突破危機的一方面是胡塞爾（Edmund Husserl）開創的號召「回到事物本身」的現象學研究；另一方面則是起源於弗雷格（Gottlob Frege）的分析哲學。正是後者導致了 20 世紀哲學的語言學轉向。哲學家們在此發現了一個承載一切思維活動的文本世界或者說語言世界，傳統的哲學問題在文本世界中復活。

維特根斯坦是在文本世界中探討哲學問題的重要代表人物之一。其前期與後期恰好代表了兩種互相對立而典型的觀念。後期維特根斯坦通過「語言遊戲」連接的語言與人類實際生活世界，一反

其前期思想中語言和真實世界的「圖像」關係，提出了與「生活形式」緊密相聯的「語言遊戲」理論。這一理論為後現代主義者提供了理論平臺，利奧塔充分利用了這一理論來探討以科學知識為核心的 20 世紀 70 年代最發達國家的社會狀況問題。

「語言遊戲」是維特根斯坦後期思想中的一個重大發明。在他幾乎從零開始重新思考語言問題的時候，他發現遊戲是理解語言與真實世界的一個更好的思維模型，從而得出了「語言遊戲」的概念。「語言遊戲」體現了他後期思想中對語言的認識。他認為「語言和與語言交織在一起的那些行動所組成的整體叫作語言遊戲」。（維特根斯坦，1953，p.7）而且「語言遊戲一詞的使用意在突出語言的述說乃是一種活動，或是一種生活形式的一個部分。」（維特根斯坦，1953，p.17）「語言遊戲」不再討論終極真理的問題，不再強調主體對客觀現實的反映，這已經具有了某種後現代主義的思想傾向。

利奧塔對維特根斯坦語言遊戲理論的吸收、應用和擴展，使他對社會狀況的研究建立在語言世界的平臺上。首先，他用語言遊戲理論解釋社會關係問題。他認為「語言遊戲是社會為了存在而需要的最低限度的關係，比如僅僅因為人們給一個還沒出世的嬰兒起了名字，他就已經在周圍的人敘述的歷史中成為指謂，以後他必須通過與這種歷史的關係來移位。」而且「社會關係的問題，作為問題，是一種語言遊戲，它是提問的語言遊戲」。（利奧塔，1979，p.33）此外，利奧塔在用語言遊戲解釋社會關係的同時，還用這一理論補充了哈貝馬斯交流理論在解釋社會關係時的不足。他認為用語用學理解任何範圍內的社會關係，不僅需要一種交流理論，而且需要一種遊戲理論，它的先設包括了競技。（利奧塔，1979，p.35）利奧塔用語言遊戲理論說明瞭社會關係，並進一步來說明科學。

其次，利奧塔從語言遊戲角度對科學作出了界定。他對科學的界定是以敘事作為參照提出的。他認為人類文化的歷史長期是一種敘事文化，直到現代科學文化出現才有了改觀。科學文化與敘事文化的根本差異來自於它們執行著遊戲規則不同的語言遊戲。敘事文化的遊戲規則在於敘述者聽了某個故事之後，就獲得了講述它的權利，無須證實這個故事。那麼敘事文化的特徵就在於：一、在敘述的內容上，民間敘述可能講述某個民族英雄打敗邪惡的勢力的故事。對民間故事的推崇就勾畫出了社會的選擇標準；二、敘事知識的敘述形式多樣化，不只是描述還有疑問、評價等形式；三、敘事是轉述的，講述者並非敘事的作者；四、敘事的內容是不斷重複的。

利奧塔吸收了維特根斯坦語言遊戲中強調活動的特點，把科學也看作是一種活動，這種活動可分為「研究遊戲」與「教學遊戲」兩個部分。其中研究遊戲是科學活動的主體。但是作為研究遊戲後備力量的教學遊戲，利奧塔對此也做了深刻的討論，而關於科學教學問題在對科學的研究中是較少受人注意的，它引發了人們對高等教育問題的一系列討論[4]。研究與教學一起組成了利奧塔對科學研究的整體，但側重點在研究遊戲。

利奧塔用舉例的方式概括出研究遊戲的一般結構，在這個結構中包括發話者、受話者和指謂，其中發話者需要給出證據證明他發出的指謂，受話者如果持否定態度，也需要給出反駁的證據。這裏暗含的是科學共同體的任何成員都有權利發出陳述，只要能夠給出確鑿的證據。利奧塔在闡述科學遊戲規則的基礎上，總結了科學文化的特徵：一、科學知識的講述形式單一，一般來說只有指示性陳

---

[4] 就利奧塔關於教育的論述進行研究的文章，見 Bloland 的《後現代主義與高等教育》，Kiziltan 和 Bain 的《後現代狀況：重新思考公共教育》。

述一種，價值標準是真理性價值；二、科學遊戲形成了特定而相對獨立的社會制度；三、科學陳述的有效性來自於證據，原則上與講述本身無關；四、科學遊戲以存儲記憶和追求創新為前提，是積累過程。（利奧塔，1979，p.40-55）

在科學研究遊戲中發話者在給出科學事實時涉及到儀器、方法等，這就使科學與技術聯結了起來。儀器設備的投入，輔助人員的配備等都需要資助，這種資助來自於社會。發話者也不是生活在真空中，他有特定的國籍、信仰、民族，生活在某一具體的時代，有個人特有的愛好，有一定的師承關係，發話者所發出的指謂就是在面對自然的研究和種種不確定的社會生活中產生出來的。正是在科學研究的語言遊戲中利奧塔發現了科學與社會的聯結機制，此機制表現為科學通過知識內容、舉證所用的技術和開展科學遊戲的機構，與社會產生相互作用。他的 STS 研究就是在此語言遊戲的基礎上展開的。利奧塔的科學語言遊戲為 STS 研究建立了一個新的理論性方法。這在以經驗和思辨方法為主的 STS 研究中無疑是一理論上的進步。

利奧塔在闡述科學遊戲時，從邏輯經驗主義、波普爾等人那裏接受了科學陳述的可檢驗性思想。但是利奧塔把檢驗結果即證實或證偽嚴格地限定在科學知識的產生活動中。而邏輯經驗主義對陳述的證實，不是從研究活動的視角進入而是從科學知識的邏輯結構的角度考察，對於一個陳述他首先要看它是否是一個複合命題，如果是複合命題，那麼這個複合命題可分解成什麼樣的簡單命題，以及複合命題與簡單命題的關係如何，然後判斷簡單命題的真值。如果用專名所標示的對象在事實上具有謂詞所標示的屬性和關係，就是真的。（克拉夫特，1953，p.104）有趣的是，這正是維特根斯坦前

期的思想。前期的維特根斯坦對邏輯經驗主義影響很大，一方面通
過其著作《邏輯哲學論》，另一方面由於其與石里克和魏斯曼的私人
交往，他的建議通過他們不斷地在維也納學派的集會上反映出來。
利奧塔的證實具有返樸歸真的意味，科學只是某種活動方式，有它
自己的遊戲規則。這與勞丹（Larry Landan）對「科學是解決問題的
活動」（勞丹，1977，p.3）的認識不謀而合。體現了他的反基礎主
義，注重自我內在性的後現代態度。

　　從引文中可以看出利奧塔也受到邏輯經驗主義後期代表人物亨
普爾（Hepple）的影響。亨普爾在其《自然科學的哲學》一書開始，
就給出一個引人入勝的研究活動案例，恰似給利奧塔的研究活動單
元加了一個完美的注釋。利奧塔以科學遊戲為單位展開了他關於科
學問題的論述，而亨普爾也是以一個具有獨立性的科學研究的案例
為中心展開了他的自然科學的哲學研究。

　　雖然利奧塔對科學與敘事兩種語言遊戲各自語用學的分析和對
比都很成功，但是與他在後面用來探討科學與社會關係問題的啟蒙
敘事和思辨敘事時發生了邏輯中斷。他用作敘事語用學分析的例子
「卡希納瓦人的故事」是某個印地安部落的故事，而非歐洲的故事。
更主要的是，利奧塔認為「敘事被宣佈為是轉述的，而且歷來都是
轉述的」（利奧塔，1979，p.44）。但是啟蒙敘事和思辨敘事並不是
這種流傳轉述的敘事。利奧塔卻將這二者也界定為流傳轉述的敘
事。從歷史事實來看，啟蒙運動的締造者是法國思想家和法國民眾，
思辨體系是德國哲學家的思想產物，把它們界定為敘事是利奧塔的
創造。這兩部分之間通過敘事這一詞語在表面看來好像聯繫了起
來，但實際上沒有必然的邏輯聯繫。他關於敘事語用學的精彩分析
對他的科學知識合法化問題的分析沒有實際幫助。但是並不能因此

否認啟蒙敘事與思辨敘事為科學的合法化做出的貢獻，關於這一點利奧塔的論述非常清晰。

形成上面情況的一個原因是利奧塔沒有對敘事作細緻的區分，其實一種敘事就像利奧塔所說的，敘事的講述者不是敘事的作者，他只是轉述者。這種敘事不僅包括「凱西納瓦人的故事」，也包括中世紀歐洲的《聖經》。另一種是敘事的講述者同時也是敘事的作者，例如利奧塔所舉的一個例子「那些有了某種『發現』而在電視或報紙上接受採訪的科學家都做什麼呢？他們講述一部由完全不是史詩的知識構成的史詩」，在這個例子中敘事的作者就是敘事的講述者，他的講述獲得認可是需要合法化過程的。利奧塔在使科學與敘事發生聯繫時，主要是與後一種敘事發生聯繫。利奧塔在用敘事來論述科學知識的合法化問題時，混淆了這兩種敘事。

其實，利奧塔提出的敘事概念，我認為主要是利奧塔與其生活的當下社會相對比得出的。他認為「正在到來的社會基本上不屬於牛頓的人類學（如結構主義或系統理論），它更屬於語言粒子的語用學。」（利奧塔，1979，p.2-3）利奧塔用語言遊戲理論闡釋當下的社會關係，其闡釋的重點是沒有一個大家共同嚮往的前進方向，作為具體人的語言粒子的運動在某種程度上可視為布朗運動。現在人們對待科學的態度在歡呼的同時是有著深刻憂慮的。轟轟烈烈、有著偉大航程的現代已經消逝了。正是在這樣的狀態下，利奧塔用宏偉敘事來概括已經過去的現代。18 世紀的法國人叫做「光之世紀」，康德稱之為「啟蒙時代」，在英語中更通常的稱呼是「啟蒙運動」，是已經逝去的英雄時代的一個指稱，這在利奧塔眼中就是色彩濃烈的一件宏偉敘事。

　　利奧塔的突出特徵，對於對科學的研究來說，我認為不在於他的後現代理論的論述、不在於他關於科學知識合法化問題的論述。而在於他找到了能夠非常自然地把對科學的哲學研究與對科學的社會學研究聯結起來，這表明了科學本身是一個整體而不是割裂開來的塊塊片段。但是這種科學哲學不再是邏輯實證主義作為人類認識的普遍準則的哲學，而變成了對科學知識產生即研究活動的單元研究，可以說這是一種微觀研究，而且通常指普通知識的生產，而非那種開拓性的研究。這非常類似於研究不考慮與外界交換的封閉系統。我想最好的模型應該是細胞，只考慮細胞內的物質或能量生產過程，與之相對應的研究活動中的場所是實驗室。當把實驗室看作是一個黑箱，重點放在實驗室與外界的物質、能量和資訊交換上，那麼主要就是科學社會學的研究內容了。當然，利奧塔，沒有如此清晰明確地說出這種科學哲學研究與科學社會學研究的具體聯結方式，也沒有詳細闡述科學知識的生產過程。但是他已經出色的完成了對科學研究的由哲學向社會學角度的轉換，並據此展開他的科學知識合法化的研究。利奧塔對科學的研究表現了科學哲學研究與科學社會學研究的統一性。而這種與科學社會學研究相統一的科學哲學研究，似乎缺少了哲學的味道。

　　利奧塔在選取視角時立意高遠，不受學科專業所囿。他非常敏銳地抓住了在傳統知識中占主要地位的敘述形式，這一人類曾經普遍生活在其中的知識形式，比如生活在神話和傳說的世界中，歐洲人也曾經生活在《聖經》的世界裏。以轉述為主的敘事知識的衰落，及科學知識的不斷壯大在知識的歷史中是兩條非常相關的主線。他不像專業的對科學進行研究的人員那樣難以跳出科學哲學、或科學社會學的視野，而是在文化的太空中俯視科學的古今。詹姆森高度

讚揚了利奧塔對敘事分析方法的運用。他認為「利奧塔以此方法完整而豐滿地描繪了有關當代敘事分析的傳統，這在整個當代哲學研究的範圍內，無異於是空谷足音」（Jameson，1985，p.viii）。

三、利奧塔的科學與文化研究

進行科學與文化研究並不是利奧塔的主要任務，他實際上關心的是社會狀態。這是一位奉行實踐哲學的人文學者對社會和人類的關懷。然而他發現在西方文化中，科學文化在社會中日益變得重要，並且科學文化的某些方面對文化的其他部分來說具有借鑒意義。利奧塔考察了在西方社會不同的歷史發展時期，科學的不同層面與文化相應部分的關係，下面分別闡述。

（一）啟蒙運動與科學：思想上的共鳴

利奧塔認為 18、19 世紀的西方社會是一個充斥著宏偉敘事的時代，比如解放的敘事、財富增長的敘事、進步與啟蒙的敘事、思辨的敘事等。現代科學在發展過程中參與了這些現代宏偉敘事的建構，尤其引起利奧塔注意的就是啟蒙和思辨的敘事。

西方的現代化進程本身就是現代宏偉敘事的製作過程。這一製作開始於 17 世紀的英格蘭。如果把 17 世紀之後的科學史與歐洲社會史合併起來看，就可以發現在同一時空中有兩條線索非常值得注意，即科學的發展與經濟政治制度的發展。這兩條線索的源頭都是 17 世紀的英國，可以說英國是現代世界宏偉敘事的開始，但是這時

的現代性還未充分凸顯出來，直到法國的啟蒙運動和德國的唯心主義哲學。

　　對於啟蒙運動，漢金斯（Thomas L. Hankins）認為「啟蒙運動並不是一套固定的信條，而是一種思維方式，一種設想的為建設性思想和行動開闢道路的批判態度」（漢金斯，1995，p.3）。而啟蒙運動的思想家正是從 17 世紀以來迅速發展的科學中獲得了自然科學（哲學）的思維方式，即從一個有先驗預設的形式理性轉變為向自然探詢的經驗理性。經驗理性不但是現代性的突出代表，而且早已成為那時科學家工作的指導思想，比如拉瓦錫的觀點就是一個顯然的例證，他在其《化學基礎論》的序中反復強調他的科研態度，即是「除了由觀察和實驗必然引出的直接結果外，決不形成任何結論。」（拉瓦錫，1790，p.xxi）啟蒙運動的思想家們把這種思維方式向政治、法律、宗教、和文學等領域擴散，展開對上帝和封建王權的批判，不臣服於任何權威，從而使人類獲得了真正的人性，並得到解放。

　　科學為啟蒙運動做出了重要貢獻，同時也為自己取得了合法性。自然科學的進步性和經驗理性完全成為啟蒙運動的特徵，此時科學與社會步調一致，互為支持。但是從默頓對現代科學產生之初，即還未獲得組織化的科學的合法化的論述中，可以看出清教主義從思維方式與物質生活的改善兩方面，為科學提供寬鬆甚至積極的環境。當時的經濟與軍事同樣在功利的方面需要科學。「在科學獲得作為一種社會組織的牢固基礎以前，它需要合法化的外部來源。」（默頓，1970，p.26）可以說，17 世紀的英國是現代科學與現代社會的啟動器，而 18 世紀法國啟蒙運動的重要意義則在於，使得人們認為自此以後社會與科學一起將是不斷進步、不斷完善的，實現的方法

就是運用經驗理性。這一信念甚至一直延續至今，擴展到全世界，只不過現在批判的呼聲越來越高。

　　但是在這共同前進的步伐中，隱藏著不可調和的矛盾。當社會關係不再支持這種協調時，這種矛盾就會爆發，啟蒙敘事也無力再為科學提供合法化依據了。首先是因為社會狀況發生了變化。在後工業社會和後現代文化中，大敘事失去了可信性（利奧塔，1979，p.80）。科學語言遊戲與關於公正和道德的語言遊戲的遊戲規則中固有的差異就凸出了水面。啟蒙思想家過分的把屬於科學的內涵運用於道德建設上，用真值判斷來衡量價值判斷。他們認為自然規律理性包含了道德律令，試圖從自然科學中提取一種道德規範。利奧塔不但注意到了這個矛盾，他還把這作為啟蒙敘事失去為科學提供合法化能力的根本原因。他說道：「沒有什麼能證明：如果一個描寫現實的陳述是真實的，那麼與它對應的規定性陳述就是公正的」，科學玩的是自己的遊戲，它不能使其他類型的遊戲合法化。（利奧塔，1979，p.83）

（二）哲學與科學：認識體系上的統一

　　18世紀的法國啟蒙運動及隨後的法國大革命，以及後來的拿破崙的開明專制都對德國這個直到19世紀初還處於封建割據局面的國家產生了難以估量的影響。在這種初生的人本主義氛圍中獲益非淺而且成果卓越的便是德國古典哲學。利奧塔認為其中的唯心主義哲學以其獨有的特點把現代科學整合進其認識體系的大廈中。

　　利奧塔從德國教育大臣洪堡（W. Von Humboldt）論述的關於德國柏林大學成立的宗旨中，看到了與啟蒙敘事合法化中相似的問題。利奧塔認為洪堡所說的「大學應該把自己的材料，即科學，用

於『民族精神和道德的培養』」（Humboldt，1957，p.321），意味著要「保證科學中對真實原因的研究必然符合道德和政治生活中對公正目標的追求」（利奧塔，1979，p.69）。這與啟蒙敘事中所存在的矛盾是同一性質的，結局也一樣，當社會狀況發生變化時，宏偉敘事與科學的關係就斷裂了。

　　當利奧塔追問知識的主體這一問題時，發現答案並非像法國啟蒙運動中那樣主體是人民，在啟蒙運動中，國家的合法性是人民賦予的。而在這裏施萊爾馬赫（F. Schleiermacher）、洪堡、甚至黑格爾對國家卻是持懷疑態度的。「知識的主體不是人民，而是思辨精神。它不像在大革命後的法國那樣體現在一個國家中，而是體現在一個體系中。合法化語言遊戲不是政治國家性質的，而是哲學性質的。」（利奧塔，1979，p.70）這一合法化過程，表明了那個時代科學與哲學的關係。那時哲學的基本目的在於把理性思維的一切部分完全結合，並清晰地聯繫起來（懷特海，1932，p.136）。各門科學知識都要被納入到這樣一個思辨體系中，在這個體系裏確定自己的位置。利奧塔認為大學正是體現這一功能的機構，大學是思辨性質的，學院是功能性質的（利奧塔，1979，p.70）。

　　利奧塔認為科學與思辨哲學的關係，有兩個顯著的特徵。其一，在思辨敘事中，「科學、民族和國家之間的關係引出一種完全不同的構思」（利奧塔，1979，p.68）。在啟蒙敘事中，人民具有無上的權力，國家是體現人民意志的。而在思辨敘事中，國家和人民都只有通過思辨體系才能得到確認，是為著某一絕對精神或精神生命的成長服務的。其二，在思辨敘事中，「知識在自身找到了合法性」（利奧塔，1979，p.72）。在這裏思辨敘事根本不考慮知識的實用原則，它先設了一個可以像生命一樣成長的精神生命，這是一種元敘事。

其他關於自然、社會、國家等等的知識都只有在思辨知識中定位才有意義，才具有合法性。

然而科學本身的發展，一些新學科、新研究領域的出現，一些舊學科的死亡，突破了原有的思辨秩序，思辨統一遭到了破壞。邏輯上的緊密聯結變得空洞、無意義。這種思想的現實落腳點即大學中曾經非常嚴格的院系專業劃分秩序，也由於為著特定研究領域的研究所和研究中心的出現，而顯得不再那麼有序。思辨敘事與科學的關係也成為了歷史，而大學的內在涵義也發生了根本變化。

思辨敘事的解體，使知識、敘事與國家之間出現了一種新型關係。這種關係是通過科學與政治或者法律之間的重新定位得到的。在這裏，什麼是真實的並不能說明它就是公正的，而是科學或者真實說明瞭公正或者政治實現的可能性有多大。科學家只有認為國家的政治是公正的，他們才可能服從國家，否則他們以公民的名義拒絕國家的規定。同時他們也還可以用他們的知識對國家的不公正規定進行批判。在這裏利奧塔認為知識最終畢竟只是為實踐主體（即自律主體）所追求的目標服務。（利奧塔，1979，p.75）

利奧塔在此依次遞進引出了科學與政治之間的三重關係。科學用是否真實來判斷，政治用是否公正來判斷。第一種關係，真實的就等於是公正的；第二種關係，無論政治還是科學都在一種元敘事的思辨秩序之中；第三種關係，政治與科學是各自獨立的，真實的語言遊戲只用於判斷公正的語言遊戲的可執行性。前兩個都依靠某個元敘事獲得合法化，當特定的歷史情境成為過去時，兩種語言遊戲的硬性連接就斷裂了，只有後一種關係持續到當下時空中。

利奧塔還對思辨敘事進行兩點引申，描述了思辨敘事與科學關係的衍生模式。首先，馬克思主義與科學的關係。利奧塔認為馬克

思主義中的史達林主義的元敘事是走向社會主義（精神生命的等價物），科學在為此元敘事的實現這一任務中獲得承認和發展。

其次，利奧塔認為海德格爾在 1933 年 5 月 27 日就任弗賴堡大學校長時發表的就職演說《德國大學的自我宣言》是科學與哲學關係的一段不幸插曲。他認為海德格爾「為了使知識和知識機構合法化而把種族和勞動的敘事放入精神的敘事中，這種做法是雙重不幸的：它在理論上不一致，但足以在政治語境中找到災難性的反響。」（利奧塔，1979，p.76）1933 年 4 月是納粹剛剛上臺不久的日子，擔任納粹期間的大學校長是這位哲學家一生中爭議最大的事件之一，並引起了無數論戰。因為這涉及到他的思想與納粹意識形態之間可能存在的關係。（阿蘭‧布托，1991，p.8）在這個背景下可以看出在這一事件中，利奧塔對海德格爾的批判態度。他還在另一部著作《海德格爾與猶太人》中明確的表示了他對猶太人的同情與對海德格爾的質疑態度。

利奧塔對科學與政治和哲學關係的論述，表明了在現代社會中科學參與了現代宏偉敘事的建構。科學諸多層面中參與建構的主要是科學文化的進步性和科學作為對自然的認識作用。當然科學對經濟、軍事的促進作用在 17 到 19 世紀初，與科學技術在今天對經濟、軍事的影響相比是天壤之別。但是自科學誕生之日起，這些始終是使科學獲得合法化的一個重要組成部分，只不過在不同時期所占的比重不同。在科學知識的現代合法化進程中，這一點占比重之輕，以至讓利奧塔忽略不計了，也許還因為現代社會是轟轟烈烈的夢想社會，這種實用特性與現代氣質是格格不入的。但是在後現代的知識狀況中，這種實用性卻著實當了一次主角。

　　利奧塔在描述宏偉敘事與科學的關係中，充分描畫出了現代性的特徵，即現代性本身就是宏偉敘事的，啟蒙敘事與思辨敘事不過是現代宏偉敘事的不同版本。他正是在語言世界的平臺上，洞察到科學、政治、哲學實際上是遊戲規則不同的語言遊戲，而規則不同的語言遊戲在根本上說是不具有可比性的，那兩種元敘事與科學結成的關係在根本上說是缺乏牢固根基的。它們之間的內在矛盾顯現之時，就是它們的關係出現危機之時。同時利奧塔的研究表明，在啟蒙運動中科學成為文化中心，德國的唯心主義哲學則是以哲學作為文化中心，他對現代社會中科學與政治、哲學之間矛盾的揭露，也就是對科學和哲學分別繼宗教之後作為文化中心的西方認識體系的批判。在這一點上，與福柯、伽達默爾和羅蒂的認識是非常一致的。

（三）科學、技術與社會

　　科學通過技術對社會經濟、軍事產生影響，雖然在現代科學建立之初就已經存在了，但是遠不及對 20 世紀中後期的西方發達國家影響的深遠。利奧塔非常清楚的看到了這一點。他從科學的研究遊戲中找到了科學對經濟、軍事產生影響的根本原因。科學研究語用學成為利奧塔分析科學、技術與社會關係的強有力工具。他對研究遊戲進行了詳細分析，首先探討科學研究遊戲規則的合理性，然後討論對發出的科學陳述的證明問題。「為了讓人接受一個科學陳述而進行的論證，要求人『首先』接受那些確定論證方法的規則」即遊戲規則（利奧塔，1979，p.91）。利奧塔認為遊戲規則本身不能得到證明，但它們是專家之間達成的共識。這是遊戲本身所固有的特點，比如任何一種棋類遊戲，遊戲者先確定玩法，然後才能在規則之內

出招。利奧塔還進一步引申出了科學知識中兩種『進步』的差異：一種對應於既定規則範圍內的新招數（新論證），另一種對應於新規則的發明，即對應於遊戲的改變。（利奧塔，1979，p.92）毫無疑問利奧塔在此借用了庫恩的「科學革命」思想又輕鬆而恰到好處的轉換了庫恩的語言，科學的革命成為了遊戲的演進。顯然，這裏沒有現代性的先驗體系在作怪，後現代性不知不覺顯現了出來。

　　遊戲規則得到遊戲者的確認之後，就涉及到遊戲者發出的科學陳述的證明與反駁問題，它們的基本問題就是舉證。利奧塔正是在這一環節發現經濟通過技術與科學有著不可分割的聯繫，甚至資金的獲得就是研究遊戲的一部分。但是金錢對科學研究的重要性是一個人人皆知的常識。利奧塔認識到這一點並沒有新意，但是重要的是由此他論證了科學知識在當下社會中的地位問題。舉證涉及到效率問題，即好的技術可以提高效率，好的技術也包括尖端儀器的使用，這都需要金錢的投入，那麼投入產出比即性能比就出現了。（利奧塔，1979，p.92-93）而新的科學知識又是改進技術的主要途徑。舉證的效率與產生新的思想是內在於研究遊戲的，可是啟蒙敘事和思辨敘事都不能在研究遊戲中表現出來，它們是在間接的層次上與科學產生聯繫。啟蒙敘事與科學所具有的經驗理性這樣一種精神氣質產生了共鳴；思辨敘事則表明科學還處在哲學的等級制度中，在先驗序列的安排裏。顯然科學從過去與政治、哲學的外在隱含矛盾的硬性連接，變為與經濟權力一體化的內在接通。

　　其實，默頓認為在確立科學作為一種正在出現的社會組織的合法性方面，清教主義和經濟軍事問題對科學的迫切需要，各自為科學的合法化作出了獨立的貢獻。（默頓，1970，p.22）但是在 20 世紀最發達社會中，科學通過技術所實現的性能，與起源時代相比已

經發生了根本性的變化。而且對科學技術的上游機構高等教育形成
了重要影響。首先在科學與技術的關係上，新的特徵是科學與技術
的聯繫更加緊密，即科技一體化；新技術的形成需要在科學上的創
新，而當下時代的科學研究主要是以高新技術為基礎的研究，以至
於出現了一個新的名詞「技科學」technoscience。其次，在以技術創
新為新經濟增長點的經濟機制中，科學是為產生新的技術服務，而
新技術無疑是為經濟服務。這樣基礎科學研究納入到技術創新系統
的流程中，是其中的一個環節，創造出一個新的商品是從科學上的
突破開始。那麼在此科學與技術和經濟的關係發生了變化，在科學
的起源時代，科學與經濟或者軍事需求之間還是一種游離狀態，一
種科學對經濟或軍事的影響是未知的、不可預測的狀態；而現在科
學研究的方向和結果與新技術、新商品的關係則是較為定向的、具
體的以及有較為準確的預期結果的。那麼在此科學研究活動已經從
屬於經濟活動，在一定程度上失去了獨立性。與此相應的，在科學
建制上的重要表現就是科學實驗室由大學搬入到工廠企業中，科學
家受聘於大企業的研究機構，即使在大學工作的科學家也會有自己
的公司。

　　科學已經發生了深刻的變化。科學新思想的產生也許是較為自
由的，但是新科學思想的生長則嚴重地受控於經濟，能夠產生新市
場的思想就會在經濟機制中得以催生和加速成長。在這裏完全看不
到啟蒙理性與思辨理性的精神，科學家也不再帶領民眾走向幸福的
烏托邦世界。普遍理想的太陽已經落山了。

　　同時，由於權力可以調動金錢，它也就通過經濟之路與科學聯
繫在了一起，軍事對科學的影響也是這樣。佔有或鞏固權力需要科
學的支持也影響了科學的發展方向。然而這是權力與科學關係的普

遍模式，並不具有我們當下的時代特徵。當下時代特徵是擁有了知識本身就等於擁有了權力。在資訊極易傳輸和獲取的時代，科學知識的問題比過去任何時候都更是統治的問題。(利奧塔，1979，p.14)在民族國家的綜合實力對比中，這一點是極為明顯的。尤其是在大科學的狀況下，科學研究行為更多地受經濟和政治的控制，科學家個人的作用在研究遊戲中所占比重越來越小。

科學對經濟的過分依賴，對科學的上游即高等教育也產生了深刻影響。這種為著經濟目的的科學研究對教育政策產生重大影響。學生不再是未來的知識精英，而學校也變成一種教育產業，培養的是在市場上有競爭力的人才，即學習知識是為了能帶來更高工資的專業資格（利奧塔，1984，p.121），而不再擔負著人類解放的啟蒙任務。利奧塔正是在對最發達社會裏知識狀況的反思中，得出了啟蒙意義上的知識份子已經死亡。性能原則帶來了高等教育體制從屬於權力這種總體後果。（利奧塔，1979，p.106）正如羅蒂對福柯（Foucault）具有實用主義傾向的評價，認為「其對知識與權力關係的討論與杜威沒什麼區別」（羅蒂，1992，p.10）一樣，利奧塔的後現代主義也有了實用主義的味道。

科學知識通過技術對經濟、軍事產生重要影響，而這些影響正在不知不覺間改變了社會狀態，利奧塔非常敏銳的注意到了這一點。科學知識與社會經濟之間所達成的「性能最優」原則，需要清晰的頭腦和冷漠的意志，它計算相互作用而不定義本質。（利奧塔，1979，p.132）這種性能原則成為大學生選擇專業及確立發展目標的準則，以及成為人們的行為準則。宏偉敘事就在這種標準逐漸確立和推行的過程中土崩瓦解。失去了宏偉敘事的社會從現代就變成了後現代。在後現代社會中，人們沒有一個統一的發展方向，人們無

需再為一個崇高的社會理想而團結一致，大家做著各自的事情尋找著各自的方向。社會結構發生了徹底改變，即已經成為無規則熱運動的社會狀態，人們失去了一貫具有的社會共同前進的發展道路。

（四）科學與社會公正

利奧塔研究的是 20 世紀 70 年代最發達國家的社會狀況。他作科學與文化研究並不是目的，他的目的是探討發生了巨大變化的社會。利奧塔發現這種發生了巨大變化的社會或者他稱為後現代的社會，是難以用系統優化理論或者哈貝馬斯的交往共識理論來說明的。如何來理解當下的社會？利奧塔從正在形成的非常新穎的科學知識中（即他所稱的後現代科學知識），從科學研究遊戲的規則中，找到了理解的思路，並在此基礎上提出了多元差異下的社會公正問題。

利奧塔發現在 20 世紀出現了一些與我們所習慣的強調決定論與確定性完全不同的科學知識，即他所稱之為的後現代科學。這些後現代科學包括比如象哥德爾定理、量子理論和微觀物理學，它們修改了人們頭腦中的可預測連續軌跡的思想。在這種知識中最終結論只能是一種可能性，屬於概率性質。能夠得出結果出現的概率，如果也算是部分可決定的話，那麼在 20 世紀六、七十年代出現的一些新的數學，則更加徹底地摧毀了決定論的思想。利奧塔認為像法國數學家芒代爾布羅（B. Mandelbrot）與勒內·湯姆（René Thom）分別創立的分形幾何和災變數學所描述的問題卻是不可決定和預測的。比如用分形幾何來處理的布列塔尼海岸線或者佈滿環形山的月球面積，按照傳統的思想即測量的越是精確得到的結果越是可靠，可是發現如果真的進行精確的測量的話卻無法得到海岸線的真實長

度或真實的月球面積，無法得到一個最終確定的結果。災變數學就像它的名字一樣結果充滿了戲劇性，比如材料的斷裂，施加的力是控制變量呈現連續變化，產生的結果卻是材料突然斷裂即由一種狀態突然變成另一種狀態。這是一個不穩定系統，斷裂的結果雖然是確定的，然而這種結果的瞬間產生卻是材料的韌性與施加力之間的衝突形成的，我們無法把這種衝突完全精確的描述出來並進行準確的預測。利奧塔認為後現代科學探討的是關於不連續性、不可精確性、災變和悖論的理論。（利奧塔，1979，p.126）

　　但是從利奧塔勾劃出的後現代科學圖像中所得出的後現代性是否可信？是否會受到索卡爾等人所指責的那樣「對科學一竅不通，卻又熱衷於玄學，從關於混沌或量子物理的科普讀物中尋章摘句，想像發揮，說些不知所云的話，嚇唬外行蠱惑青年」。（索卡爾，1996，p.48）曹天予在「科學和哲學中的後現代性」一文中解釋了這個問題。他認為在對世界的文化理解中隱喻地運用科學概念是很正當的，而且利科（Paul Ricoeur）指出，對世界的任何文化理解總是通過隱喻構成的。只有隱喻才能把最抽象的概念和日常生活的現實通過一種結構相似性聯繫起來，這樣才能使抽象概念成為可能並賦予它們以意義。一旦通過隱喻轉運接受了其他領域的概念（比如科學概念），那麼這個概念原來的科學意義與其在文化上的用法幾乎不相干了。新構成的概念已有其獨立的意義，已與它在科學上的用法相分離了。（曹天予，2000，p.14）利奧塔從後現代科學圖景中得出的後現代性由此可得詮釋，但這要求具有較深的自然科學素養，而非一種想當然。

　　利奧塔認為這些新出現的後現代科學知識本身講述了一種新的自然觀念和知識觀念。這種從後現代科學中得出的新自然觀念，完

全不同於古希臘人認為的那樣，自然是一個活的有機體，更不像近代科學建立之初的自然哲學家認為的宇宙是一架大機器，也與現代科學廣泛展開之後形成的自然界模糊著進步、演化、發展著的決定論的宏觀觀念不那麼一致。而是從微觀、局部的層面觀察複雜的自然界，認為自然界是一個「狡詐的對手」，它不但擲骰子，而且也玩橋牌。（利奧塔，1979，p.121-122）在利奧塔這裏，科學家做科學研究是在與大自然玩遊戲。

利奧塔認為隨著後現代科學的出現，知識觀念的性質也發生了變化。像拉普拉斯那樣已知某一時刻的宇宙參數，完全可以按照可預測連續軌跡求出未來任一時刻的宇宙狀態的，關於確定性和決定論的知識觀念已經大大被後現代科學動搖了。後現代科學展現的是這樣一種知識形態，參數雖然已知，但是在過程中存在著隨機因素，而這種因素可能會因為反饋或者非線性機制而導致的最終結果是無法預測到的。這種知識告訴我們的是什麼是無法知道的。這就是後現代科學所形成的新的知識觀念。

更主要的，利奧塔認為沒有哪一個時期的科學知識能夠比後現代科學更能反映出科學研究遊戲本身的特性，或者說後現代科學本身體現出了不再強調實證性或者實用性的新科學精神。（利奧塔，1979，p.118）利奧塔從這些後現代科學知識中領悟到一勞永逸的知識是不可能的，學者的陳述永遠不可能窮盡自然所說。後現代科學知識相對於愛因斯坦的理論或者牛頓的理論來說，又是一次科學革命。在這次革命中產生的新思想相對於傳統知識來說是一種悖謬，一種修正或者打擊。利奧塔把後現代科學納入到他的研究遊戲當中，即後現代科學知識也不過是一些科學家發出的新鮮陳述。在這裏他借助於庫恩的科學革命與常規科學思想，給新思想的打擊力度

作出了劃分，某些新思想是在遊戲規則之內出牌的，也就是在達成的科學共識當中產生的新思想，打擊力比較弱；而有一些新思想是要改變遊戲規則打破共識的，比如後現代科學就是這一類新思想，這種打擊力將是非常強烈的，可以刮起知識界的風暴。

　　利奧塔在後現代科學所產生的新自然觀、新知識觀中完全確立了科學研究遊戲的性質。即科學研究遊戲是在科學家與自然界之間進行的，同時也是在眾多的科學家之間所進行的。當利奧塔把著眼點放在科學家即發話者身上時，他認為科學研究遊戲是一個開放的系統，在這個系統中目的是產生與眾不同、與過去不同的新思想。發話者和受話者都有同樣發話的權力。陳述被接受的唯一評價標準是陳述和證據的真實性。在研究遊戲當中有共識存在，但僅僅是暫時的狀態，研究遊戲的唯一目的仍舊是提出新的思想。在這裏所達成的短暫共識不過是一種臨時契約，當另一打擊更大的新思想出現的時候，共識就被打破了。

　　從研究遊戲當中，利奧塔找到了為理解他所關注的 70 年代最發達國家社會狀態的很好的類比。當下的社會系統，利奧塔認為就像科學研究遊戲一樣，是一個多元共存的開放系統。在這個系統裏，大家可以自由發言，自由討論，在新的打擊來臨之前會形成一個臨時契約。當下的社會狀態，利奧塔認為不論是在職業、情感、性愛、文化、家庭、國際交往等方面，還是在政治事務中，臨時契約都在取代永久的制度。（利奧塔，1997，139）在整個社會系統中並沒有一個高高在上的整體利益，使大家放棄個人的發言權利而服從整體。

　　利奧塔指出了盧曼社會系統理論中個體利益與整體利益的矛盾。他認為社會作為一個系統整體，為了滿足社會系統的最優化，它要求犧牲個體的利益。而社會的整體利益是通過個體利益的實現

而實現的，當為了維護整體利益需要個體做出犧牲時，僅僅有道德的力量是不能保證個體會犧牲自己的利益。尤其，當個體是指一個國家時，很難保證它會為了全球利益而犧牲自己國家的利益。

利奧塔認為不管是盧曼的系統理論，還是哈貝馬斯的交往共識理論，都有一個前提就是要求社會是擁有宏偉敘事的社會。宏偉敘事使得系統有一個最高目標，在全體民眾中達成一致，使大家能夠為整體而甘願作出自我犧牲。交往共識理論也如是，這一理論的前提是社會個體通過交往能夠達成最終共識，而這最終共識只能是某一個宏偉敘事。利奧塔認為 20 世紀 70 年代末期的最發達社會是一個宏偉敘事已經消逝的時代，不管是系統理論還是交往共識理論都不能解釋當下的社會。當下的社會是一個多元異質共存的社會，多種語言遊戲在此交鋒，沒有一個絕對的統一力量。尤其當下社會的資訊化特徵，它使得公眾能夠更自由而方便地獲得資訊，結果是各個鬆散聯結體在資訊不完全的情況下得出了不同的結論。這些結論在不斷的交鋒，卻不能夠達成永恆的一致。利奧塔認為這種以科學研究遊戲為模式的社會理論，能夠帶來盡可能的公正。

但是事實上，科學研究遊戲本身也不是理想的公正遊戲，其中就存在著優勢積累的馬太效應。（默頓，2001）一位諾貝爾獲獎者的聲譽和成就，使他一旦得了獎就再也不可能落回到未得獎之前的地位。獲獎之後，他在申報課題、發表文章以及文章被閱讀和引用方面都要比他受獎之前更容易得多。甚至，獲獎之後在年輕時所做的一些不太重要的工作甚至都會被追尋出來，受到重視。

利奧塔對當下最發達國家的社會狀態所進行的診斷非常好。但是，難道當下的社會狀態就不會發生改變了嗎？誰能保證宏偉敘事的社會狀態在未來不會再一次出現。或者說這個社會真的不需要宏

偉敘事了嗎？難道只能有臨時契約？臨時契約的優點具有靈活性，
但是缺乏遠見。利奧塔描述的是現實的社會狀態，但是人不能只生
活在淺見之中。尤其，在我們這個科學技術高度發達的時代，在人
類的力量已經變得相當巨大的時代，我們需要我們的理性和遠見告
訴我們該做什麼，不該做什麼。這些問題已經危及到了人類的生存。
即便狀況並不如此糟糕，米倫多佛爾也告訴我們，我們正在走進他
所說的第三個階段。他認為第一個階段強調的是物質問題，借助於
新能源和新的生產方法可以解決這個問題；第二個階段強調的是資
訊，主要通過電腦和新的組織方法、研究方法來解決資訊阻塞問題；
正在到來的第三個階段，則是要為人們如何在技術世界中過上有意
義的生活這個倫理學問題找出答案。僅僅為著米倫多佛爾的設想，
當下的社會也需要宏偉敘事，但是這個宏偉敘事還僅僅在形成之
中。現在這個階段是宏偉敘事消逝的階段，但不是永遠就沒有宏偉
敘事了，只是新的宏偉敘事還沒有建立起來。當下時期，我們要做
的就是在高度技術化的社會中尋找生活的意義。每個時期有每個時
期的宏偉敘事。而且過去的宏偉敘事仍舊沒有完結，在某些發展中
國家，富裕還是遙遠的事情，首先要做的是生存。

四、游移於現代與後現代之間的哲學家

　　利奧塔似乎是直接談論後現代比較多的一位哲學家，他也被公
認為是後現代主義理論家。然而，對於他與後現代主義的關係，也
有不同的聲音。格雷就認為利奧塔雖然大力探討後現代主義，但是
利奧塔本人卻是一個地地道道的現代主義者。他認為「在利奧塔求

新癖好的背後，也許潛藏著對神化科學（God Science）的信仰，科學的神聖是通過證明、實驗、證據、預言等接觸實在的能力獲得的。在利奧塔的展覽裏技術的巨大恐怖和奇跡被奉為神聖[5]。」而且「利奧塔求新的熱情和對待技術的態度是非常現代的，他支持的『替代』技術和『社會責任』科學同他的烏托邦式的呼籲『全部的人接近全部的資訊』，堅定地使他置於現代主義陣營。」（Gary，1996，p.367）

利奧塔是否真的崇拜科學、崇拜技術呢？首先來看格雷引用的文獻。他引用的主要文獻包括利奧塔的《後現代狀況》一書和「無意識與演出」一文，以及雷吉奇曼的文章「後現代博物館」（Rajchman，1985，p.110-117）。從格雷的引文中可以發現，關於《後現代狀況》一書，他忽略了一些相反的觀點；而利奧塔表達他對科學技術態度的一些書信和演講稿以及《非人》一書則被格雷遺漏了。在這些文獻中利奧塔對待科學技術的態度非但不是崇拜，而是一種無奈的直面與批判。認為利奧塔是科學技術的神聖崇拜者，因而是現代主義者，這樣一種說法似乎並不妥當。

事實上當我們把利奧塔的《後現代狀況》一書和一些書信及其生平聯繫起來思考時，發現利奧塔關於現代與後現代的思考似乎很矛盾，但是利奧塔自身所表現出的現代主義者還是後現代主義者身份上的矛盾性，實際上正表現出了現代性與後現代性之間關係的一種複雜性。而這種複雜性在利奧塔的論述中卻顯得比較協調。

首先，從他的生平來看。在他青年時期，即 1950 年巴黎高師畢業後到法屬殖民地阿爾及利亞擔任中學教師，1952 年回國後，於1954 年加入左翼組織「社會主義或野蠻」從事「反剝削、反異化的

---

[5]　這一展覽是指利奧塔作為總導演，於 1985 年 3 月 28 日到 7 月 25 日，在法國巴黎蓬皮杜博物館舉行的一場藝術與技術展覽。

事業」長達 15 年之久，並一直關注阿爾及利亞獨立鬥爭，為此寫下
了一系列文章，後在 80 年代彙集成書出版。這是他在 1954～1971
年間的唯一著作。他在《漫遊》這一有自傳性質的書中說，他把 15
年的全部時間和精力投入到這一工作中，對與此無關的活動和情感
完全視而不見。（Lyotard，1988，p.17）這說明什麼呢？說明利奧塔
曾經是一個現代主義者，他曾經有過宏偉敘事。他是從這一陣營中
走出來，並喊出了向統一性開戰的口號，對大敘事失去信仰。

　　其次，在《後現代狀況》一書中，科學知識的合法化問題，就
是利奧塔在其對科技進步的普遍質疑中引入的。在此利奧塔對科學
表現出了一種謹慎的批判態度。

　　第三，在利奧塔的一些文章和書信中，他明確地表示了對科學
技術的批判或無奈的態度。在「後現代主義」一文中，他寫到：「我
們不能否認技科學居於主宰地位的現狀」。（利奧塔，1985a，p.134）
一種面對科學技術的無奈態度明顯地流露出來。而他對科學技術的
深刻批判態度則表現在另外兩封信中：在「關於敘事的旁注」一信
中，他寫到「技科學完成了現代性事業：人使自己成了自然的主人
和擁有者。但同時當代技科學又深刻地顛覆了這一事業。因為自然
也包括人本身，主客體是互相疊蓋的，在這種情形下，主宰的理想
如何能夠繼續存在？人也許只是組成宇宙的放射的普遍交互作用裏
一個非常複雜的交叉點」。（利奧塔，1984a，p.170）在「進入新階
段的門票」的信中利奧塔又寫到：「『現代性事業』的衰敗並非是頹
廢，它伴隨著技科學的類似指數式的發展，現在沒有、也不會再有
知識和專業技能的損失或減少，即便意味著毀滅人類。」（利奧塔，
1985b，p.124）

在這兩封書信中利奧塔不僅穿透了科學技術力量的表面，還充分認識到科學技術所建構的社會的嚴重後果，以及人類主宰自然理想的現代性事業的破滅。他與海德格爾不同的是，海德格爾是帶著對前現代社會的深深眷戀來批判科學技術的，而利奧塔則是在承認科學技術的主宰地位基礎上，對這一以資本和科學技術為主的社會的深刻反思。「死掉的文科」與「知識份子的墳墓」等文章的主題就是這種反思的結論。在「知識份子的墳墓」一文中，利奧塔寫到「組成啟蒙者的知識份子和他們在 19 世紀的繼承人認為，普及教育可以加強公民的自由、消滅政治上的宗派主義、阻止戰爭。今天沒有人期望到處都名聲掃地的教育會教出更開明的公民——人們只期望它教出表現更好的專業人才。」（利奧塔，1984b，p.113）

那麼利奧塔到底是一位什麼樣的後現代主義者呢？我們可以從他對後現代的表述中看出。他認為「後現代無疑是現代的一部分。一部作品只有首先是後現代的才能是現代的。後現代主義不是窮途末路的現代主義，而是現代主義的新生狀態，而這一狀態是一再出現的。」（利奧塔 1985a，p.138）可以看出利奧塔努力把後現代置於現代的連續性之中，同時他又反對現代的整體性與唯一性，認為後現代就是現代的自我重寫。

在現代的開始階段，封建制度與宗教的禁錮還深深印在人們心裏，而資本主義與科學所帶給人們的自由、清新與光明的氣息，使幾乎所有的人嚮往著一個烏托邦社會。這就是啟蒙運動中人們的心境。而今，在「後工業社會」的背景中，利奧塔發現資本與科學技術結合所構造的世界，不僅是「單向度的社會」，更進一步成為「非人的社會」。在利奧塔的眼中，後現代不僅不是對現代的徹底反叛，而是現代的更深層次的狀態。

　　而利奧塔發展出的美學理論，則表現出了對極端現代主義美學的更大的繼承性。「在利奧塔看來，所謂極端現代主義風格就是不斷革命和不斷創新，一個接一個，永無止境」。（Jameson，1985，p.xvi）而這正是利奧塔美學理論的原則。在這方面他表現了對現代性的認可與繼承。在利奧塔的思想中，現代與後現代的矛盾表現了現代概念的一種多層次的深刻性，他反對某種層次上的現代主義，而堅持深一層次的現代主義。具體的說，他反對的是啟蒙時代的思想，卻繼承並發展了 19 世紀末期的極端現代主義美學思想。現代性在這裏不再是單一純粹的東西，而具有豐富的層次性。在讀者看來，似乎是一種矛盾，可是這種矛盾恰恰表現了一個真實的情境：利奧塔是一位游移於現代與後現代之間的哲學家。

第二章

徜徉於人文與自然之間的科學史家
與科學哲學家——福柯

　　福柯是科學史家、科學哲學家還是純粹的人文學者？試圖對福柯的作品進行學科歸類繼而對福柯進行學科定位是困難的。例如他在《詞與物》一書中同時對自然科學、社會科學和人文科學作了研究。而《臨床醫學的誕生》似乎是地地道道的科學史著作。與之有些相似的《古典時期的瘋狂史》則很難說是科學史著作了。但這些著作無疑都具有思想史性質。《規訓與懲罰——監獄的誕生》便被認為是一部社會思想史著作。如果說以上著作可以差強歸類到某個學科的話，那麼福柯最終未完成著作《性史》就使人難以確定它到底屬於哪個領域了。劃分領域然後研究幾乎是一種學術習慣，而福柯完全打破了這種習慣，徜徉於人文、社會與自然之間。並把扭轉人文科學與自然科學的傳統劃分作為自己的工作目標之一。

　　福柯著作的複雜性導致了對他進行研究的複雜性。目前已經從對福柯進行整體評介發展到了從某個專業角度對福柯的研究，比如西蒙斯（Jon Simons）的《福柯與政治學》、亨特（Alan Hunt）和威克姆（Gary Wickham）的《福柯與法律——作為統治的法律社會學》、格廷（Gary Gutting）的《福柯的科學理性考古學》以及《福柯與性

──解讀福柯〈性史〉》等著作就是這樣一種研究。本章只就福柯關於科學的論述進行評述。

一、學術之路：從科學與人性開始

米歇爾‧福柯（Michel Foucault，1926～1984）這位可與黑格爾相提並論，並且最深刻地創新了思想形象（德勒茲，1986，p.109）的哲學家的學術之路是從對科學的關注開始的。當然他關注的不是科學知識如何產生，科學理論的結構等問題。他關注的是科學的政治地位和科學所能傳遞的意識形態功能問題。他認為「這些問題可歸結為兩個詞：權力與知識」。更重要的是，這些問題是福柯的成名作《古典時代的瘋狂史》（1961）的寫作背景。（福柯，1976a，p.428）而正是由這部著作開始，福柯確定了他的研究方向和研究對象。他曾經這樣談到:「如果對象理論物理學或者有機化學這樣的科學提出它與社會經濟、政治結構的關係問題，是否過於複雜？可能的解釋標杆是否放得過高？相反，如果換成精神病學，問題是否更容易解決？因為精神病的認識論曲線比較低，還因為精神病學實踐與一系列制度，直接的經濟要求，具有社會調節作用的政治急需聯繫在一起。」（福柯，1976a，p.429）正是由於福柯給自己確立了這樣的標準，就出現了後來的對臨床醫學的研究，臨床醫學與精神病學一樣，與社會經濟、政治的關係非常密切，而且這類科學「既不很高雅，又不很嚴肅」。（福柯，1976a，p.429）

福柯與科學有著較為密切的聯繫。一方面表現在他的求學經歷上。他除了拿到哲學專業的學位以外，還獲得了心理學和精神病理

學的學士學位。在這期間有過在醫院實習的經歷，曾經給病人做過腦電波的測量實驗。這為他後來的研究工作奠定了基礎。

另一方面則是法國的學術環境和科學史家對他的影響。法國的哲學機構（教學和研究部門）與眾不同的一點是邏輯學家很少，而自然科學史學家卻很多（福柯，1978，p.448），不像美國哲學界邏輯學家佔有很大的比重。而且科學史在法國的當代爭論中佔有核心的位置。（福柯，1978，p.452）其中具有重要影響的自然科學史家有亞歷山大・科瓦雷（Koyré）、加斯東・巴什拉（Bachelard）和喬治・康紀萊姆（Canguilhem）等。

福柯在許多方面繼承了巴什拉的科學觀。概括地說，他吸收了巴什拉把研究那些模糊而受到忽視的領域作為他挑戰科學史的正統觀念的方式。（Gutting，1989，p.52）如果說巴什拉間接的影響了福柯，康紀萊姆對福柯的影響則是直接而深遠的。他們似乎非常有緣分。福柯進入巴黎高等師範學校的入學考試的兩位主考官之一就是康紀萊姆，而福柯畢業時的教師資格考試又是康紀萊姆任考官。他們的真正交往則是從康紀萊姆擔任福柯博士論文《古典時期瘋狂史》的指導教師開始的，是由傑出的宗教歷史學家杜梅澤爾（Dumézpil）把福柯介紹給康紀萊姆的。康紀萊姆對福柯的影響程度，從福柯在1965 年 6 月寫給康紀萊姆的一封信中可以看出來。福柯寫到「假若那時沒有看過您的著作，我肯定不會完成以後的研究」。（福柯，1965，p.124）「那時」是指《臨床醫學的誕生》寫作之前，「以後的研究」即是指對臨床醫學的研究。而在思想上具體影響福柯的是康紀萊姆對不連續性主題的重新提出和他對不那麼形式化和數學化的生物學和醫學的研究，尤其是對生物學中概念史的研究。福柯認為「物理學史上具有戰略性決定意義的時刻，是理論的形成與建立；

但是在生物學史上，有價值的時刻乃是對象之建立和概念之形成」。
（福柯，1978，p.457）

　　福柯的學術生涯與科學史有著深厚淵源，但他不僅僅是一位科
學史家，甚至德勒茲認為「福柯從未成為歷史學家，福柯是創造另
一種歷史關係的哲學家」。（德勒茲，1986，p.109）福柯通過歷史研
究講述他的哲學（杜小真，1998，序言 p.2），而且很大程度上是通
過科學史研究講述的。對歷史的研究使得福柯的哲學顯得厚重而有
說服力。他通過對空間上局部、時間上確切領域的歷史研究，達到
了對現代哲學的批判。他重新拷問主體、質疑人性。與此同時，也
得出了關於科學哲學的一些重要命題，如學科的產生、科學工作者
在社會中的作用等。在福柯身上充分體現了科學史與科學哲學互相
依存的特徵。歷史研究為其哲學提供根據，而哲學顯現了歷史研究
的重要意義。但是，在科學哲學與科學史的關係上，「它們之間的距
離曾經非常遙遠。歷史學家認為在他們的研究中處理認識論問題是不
適當的；哲學家則認為無須『俯身』求教於歷史記錄」。（Laudan，1990，
p.48）勞丹在「科學史與科學哲學」這篇文章中批判了科學史與科
學哲學的這種分離關係，並預言科學史與科學哲學的結合是發生在
科學思想史中的。福柯的工作在某種意義上就是這種結合的典型。

　　雖然福柯的學術生涯與科學有著密切關係，他也與利奧塔一樣
是出於對整個社會的關注而研究科學的，不過他們的側重點不同，
福柯強調的是對人性的研究。福柯作為科學史家與科學哲學家只不
過是作為思想家福柯的一個方面。福柯是一位真正意義上的人文學
者，這表現在他在科學史研究中所提出的問題上。法國的科學史學
者主要對科學對象的建構問題感興趣。福柯提出的問題是：人類主
體怎樣使自身成為知識之可能的對象，通過哪些合理性形式，通過

哪些歷史條件，以及最後，付出了什麼代價？（福柯，1983，p.496-497）
這個問題貫穿了福柯的主要著作，以不同形式呈現出來。這些著作
包括《古典時代的瘋狂史》、《詞與物》、《臨床醫學的誕生》、《規訓
與懲罰》以及《性史》。其中最具科學史性質的是面對醫生的病人這
一特殊主體和客體。病人作為人本身是認識世界的主體，而作為醫
生研究診斷的對象又成為客體，病人同時具有這兩種身份。那麼人
們怎樣才能說出生病主體的真實？福柯在科學史研究中提出了一個
充滿人性的問題。

　　福柯雖然是從科學史入手、從思考科學的政治地位和科學所能
傳遞的意識形態問題開始他的學術生涯，然而這只是他對具有普遍
意義的知識—權力—主體問題的思考路徑，他並沒有停留在科學史
研究上。福柯感興趣的是人成為科學對象的建構。人作為知識的主
體，在以病人的身份又同時成為了知識的客體之時，人這一特殊的
不同於化學與物理學無語的研究對象，就形成了一個特殊的領域。
這一領域處在人與自然對立的中間，作為研究客體的自然是科學得
以產生的前提觀念。但是主體的人成為了研究的客體，在正常人看
來他也就缺少了人性，而多了物性，也就是可以被當作物來對待。
而歷史上同時既是客體又是主體的特殊的人是精神病人、病人、被
監禁者。到福柯的《規訓與懲罰》這部著作時，作為研究客體的被
監禁者已經不主要是知識的客體性質，更主要是權力壓制的對象。
福柯的研究由此越來越遠離科學史，越來越成為一位通過各個方面
來闡述知識—權力—主體問題的哲學家。正是從同時具有這兩種性
質的領域開始，正是這研究對象的與眾不同，使得福柯從科學史開
始，卻踏上了越來越遠離科學研究的道路。對人性和主體的關注成
為了他研究的主題。

　　然而福柯在通過各個方面的研究來回答知識—權力—主體這一問題的同時，仍然不能全然擺脫科學。科學文化無論如何都是現代西方文化的主要內容。他仍舊對科學中的權力問題進行批判，提出了科學的學科化以及認識型等問題。福柯有關科學的論述也與伽達默爾有些相似，即主要是散佈在他的著作、文章之中。下面各節就是對福柯關於科學分散論述的梳理。

二、學科的產生與對科學權力的批判

　　利奧塔和福柯都認為科學知識只是知識的一個子集。在利奧塔那裏，科學知識是由帶有兩個補充條件的指示性陳述構成，一個補充條件是物體處於明確的觀察條件中；二是人們可以判斷每一個這樣的陳述是否屬於專家認定的相關語言。（利奧塔，1979，p.40）補充條件來自波普爾對科學知識的界定。（波普爾，1968）在這裏我們發現了成為科學知識的條件，和科學知識所具有的單一性。利奧塔給出了科學知識的定義，福柯所做的是考察具有這種單一性的科學知識在歷史上是如何形成的，即科學的產生。

　　福柯所考察的科學的產生，不是那種對自然認識的溯源，從這種溯源中可以得出有了哲學就有了科學這樣一個結論。福柯所考察的科學的產生實際上可以說是科學學科的產生。

　　如果說科學的形成有一個歷史發展過程的話，那麼西元前幾個世紀的古希臘哲學家和中國哲人對自然界所做的用人類的理性思維來思考自然，就已經有了科學認識。雖然這種意義上的科學更多的

是一種思辯的結果，提出的理論缺乏事實依據，但對自然界的認識
這一科學的本質卻已經確定下來。這是第一個階段的科學。

　　第二個階段，就是 16、17 世紀由哥白尼、伽利略和牛頓等運用
提出理論並加以實驗驗證的現代科學方法對自然的研究所導致的現
代科學的出現。這一階段建立了現代科學的合理內核。但是這時的
科學就像牛頓著作的名字《自然哲學的數學原理》一樣，雖然內核
發生了根本變化，但是仍舊被人們認為是一種哲學即自然哲學。雖
然現代科學出現了，但是與哲學還沒有徹底分開。科學仍舊屬於哲
學的一部分，即屬於對自然認識的那一部分。17 世紀的科學主要是
機械力學一枝獨秀的狀態，眾多學科的百花齊放要等到經過 18 世紀
的醞釀到 19 世紀才絢爛盛開。而 17 世紀的科學研究狀態與今天的
狀態是非常不一樣的。當時的科學研究幾乎都是在大學以外的場所
進行，也沒有成為授課的主要內容，大學中仍舊以亞里士多德的學
說作為傳授給學生的主要內容。而且科學與經濟、政治的聯繫還比
較微弱。真正分科化的科學還沒有出現。直到第三個階段，即福柯
所考察的科學學科的產生階段，也就是科學知識在大學中的組織紀
律化階段。

　　福柯認為「18 世紀是一個使知識紀律化的世紀」（福柯，1976b，
p.171）。也就是說一方面形成了挑選知識的標準以排斥假知識、非
知識，另一方面又對知識內容進行規範化、同質化和等級化的處理。
最終形成的是圍繞某種公理化知識並對知識集中化的內在組織，這
樣就把每個知識按學科分類進行整理，於是出現了科學知識的學科
化。科學知識學科化的結果是：科學成為文化中具有獨特個性的一
部分而獨立出來。福柯就在這個意義上重新界定了科學，他認為「科
學是我們文化中一部分的事實和限制」（福柯，1976b，p.172）。科

學學科化的另一個結果就是科學與哲學的真正分離。福柯認為「哲學作為創立者和基礎的角色消失了，哲學從此不再在科學知識和知識進程中有任何實際作用。」（福柯，1976b，p.172）科學的學科化在拒絕了哲學的同時，就開始了科學主義之路，也就為後來形成哲學向科學靠攏和發展出不依賴科學的哲學這種科學與哲學關係的圖景。

　　福柯《臨床醫學的誕生》就是他這種觀點的一個案例。此書主要講述了從 18 世紀下半葉開始，醫學知識的同質化、規範化、劃分和集中的工作。（Foucault，1963）雖然 18 世紀的科學不像它前面的 17 世紀也不像後來的 19 世紀那樣成果璀璨，但是完成了由哲學到科學的徹底轉變。福柯也正是在對知識紀律化或者學科化的分析當中，得出了「科學知識作為一種集中的權力」的觀念。

　　福柯認為知識的紀律化，國家干預起了較大作用。國家的作用雖然最初表現在對技術知識的干預上，但是對科學知識的干預作用也採取的是一樣的步驟。他認為：「國家在知識鬥爭中通過四個步驟直接或間接地進行干預。首先，取消和貶低人們認為無用和不可通約的且在經濟上昂貴的知識；其次，在知識之間進行規範化，以使其相互配合，在它們中間互相交流，打破秘密的障礙和地理的、技術的限制；第三，按等級劃分知識，可以說讓一些知識套入另一些知識，從最特殊的和最具體的同時也是從屬的知識，直至最普遍的形式，直至最形式化的知識，它們同時也最具有知識的包容性形式和直接的形式；最後，是金字塔式的集中，使對知識的控制成為可能，保證了對知識的挑選，使其可以既自下而上地傳播知識的內容，又可以自上而下地傳達佔優勢的對整體的指導和組織。」（福柯，1976b，p.169-170）與此相應的是一系列的活動、事業和制度配合組

織技術知識的運動。例如，百科全書運動，對手工業方法、對冶金技術、對選礦等等的調查。創建高等學校如礦務學校或橋梁隧道學校等。（福柯，1976b，p.170）

　　科學知識的紀律化主要是在大學中完成的。福柯在此揭示了大學除了挑選學生之外的又一功能，即挑選知識。「大學通過事實的壟斷和權力來扮演挑選的角色，這使得不是誕生和形成於這個大致由大學和官方研究機構構成的制度領域內部的知識，不在這個相對浮動的限制之內的知識，在這以外誕生的處於原始狀態的知識，一開始就自動地或者被排斥或者先驗地被貶低。」由此知識、大學和權力的內在關係顯現了出來。「現代大學出現的一個結果是業餘學者消失了，這是 18 和 19 世紀的著名事件」。（福柯，1976b，p.173）這與 16、17 世紀的情形正相反，那時除了一些醫生，實際上沒有哪個一流科學家具有大學教授職位，就連劍橋大學的牛頓雖然在大學工作，但是他的科學著作卻是在英國皇家學會這一實際上是私人組織的幫助下出版的。（韋斯特福爾，1977，p.117）當時的大學與天主教會有密切聯繫，大學中的教師幾乎都是牧師，而大部分學生將來都會任神職。在大學中既不講授也不學習科學知識，這表明科學在那時還不是社會中的主流。業餘學者的消失，表明科學知識進入大學並佔據了文化的主要地位，與國家政治緊密聯繫在一起。

　　福柯沒有談到知識的紀律化與知識自身的發展關係。我認為當知識發展、膨脹到一定程度時，就有分門歸類的需要了。而當知識繼續發展，那麼知識的情形如何呢？比如 20 世紀，甚至 21 世紀，知識的情形怎樣呢？研究當下最發達社會的知識狀況的利奧塔正為這個問題作出了回答。「各學科領域的傳統界限重新受到質疑：一些學科消失了，學科之間的重疊出現了，由此產生了新的領域」（利奧

塔，1979，p.83）。實際上 20 世紀的知識狀況處在學科越分越細，學科界限也越來越模糊的狀況。湧現了大量的橫斷學科、交叉學科。但是，與 18 世紀的科學狀況相比這沒有實質的變化，即對知識的挑選仍舊是大學及相關機構的主要功能之一。

　　福柯認為學科的產生是一個重大事件，這因為科學知識的紀律化導致了科學知識權力的集中化。他發展了譜系學來解構科學權力。他認為譜系學是使那些「局部的、不連貫的、被貶低的、不合法的知識運轉起來反對整體理論的法庭。」甚至認為譜系學是反科學，是對具有集中權力知識的造反，而不是反對科學的內容、方法和概念。這個集中權力與在類似我們這樣的社會中組織起來的科學話語的制度和功能緊密聯繫。（福柯，1976b，p.8-9）福柯對知識集中權力的反對，是來自反對背後控制知識挑選的權力機構，反對獨裁權力導致的巨大荒誕和恐慌。他通過對精神病人、對罪犯、對受到壓抑的性研究，從各個方面對知識集中權力進行批判。正是福柯對這種局部性、被忽略的知識的研究，對中心性知識的攻擊，成為了後現代主義批判中心性強調邊緣性的一個顯著例證。

　　在批判科學知識集中性權力的同時，福柯對真理進行了辛辣的諷刺。他提出了「真理的政治經濟學」理論，揭示了真理與政治、經濟之間的相互依存關係。他認為真理具有規則的權力職能，這一職能體現在每個社會中用於生產真理、辨別真理、傳播真理的政治經濟制度之中。福柯勾劃出了真理政治經濟學的五個極其重要的特徵：即「真理以科學話語的形式和生產該話語的制度為中心；它受到經濟和政治的不斷激勵（經濟生產和政治權力對真理的需求）；它以各種形式成為廣泛傳播和消費的對象（它流通於社會機體中相對廣泛的教育或新聞機構）；它是在某些巨大的政治或經濟機器（大

學、軍隊、新聞媒體）的非排他的、但居於主導地位的監督之下生產和傳輸的；最後，它是整個政治鬥爭和社會衝突的賭注。」（福柯，1976a，p.446）而對於處於真理制度中的個體來說是屈服於權力進行真理的生產。權力不停地提問，不停地調查、記錄，使對真理的研究制度化、職業化並給與報酬。（福柯，1976b，p.23）。

　　福柯、羅蒂和伽達默爾從各自的視角闡述他們的後現代真理觀。福柯對真理的批判也許過於激烈，但揭示出了被人忽視的一面。從根本上來說，福柯是否定真理的。真理不過是權力的幌子。相比之下，羅蒂就顯得理想和天真了。他的真理是在「我們」之間達成的一種共識。他批判了對一勞永逸真理觀的妄想，但仍舊以為真理是我們和平共處的結果。然而，利奧塔進一步揭示出這種共識性的真理不過是一個隨時會發生變化的臨時契約。伽達默爾關於真理的認識即真理是以理解的方式存在著的此在的經驗這一論斷，積極的批判了符合論真理觀。但是我們看到這只是從學院派哲學中得出的結論，忽視了真理是一種傳播和交流的結果。由於真理所具有的巨大力量，成為權力爭奪的對象，傳播和交流可能就是戰鬥的文雅說法了。

三、科學知識的產生與發展──認識型與轉變

　　福柯的「科學史」，確切地說應該是考古學沒有常規地描述偉大科學家的工作。當然並不是說，可以推翻科學巨人們在科學史上所具有的地位。福柯只是認為科學史上對個人創造性的談論已經太多了，無需他多說，或者說他不想再就此說什麼。而是另闢蹊徑研究

在科學發現、科學發明中默默起作用的規則類型。這項工作主要是在《詞與物》中完成的。當然，也許人們不會同意《詞與物》研究的是科學知識的規則類型。因為，福柯在這裏研究的領域除了生物學以外還有經濟學和語言學，而後兩者分別屬於社會科學和人文科學。福柯在此書的英文版的前言中直接道出了自己的寫作目的，是為了扭轉自然科學與人文科學的傳統區分。（Foucault，1973，p.x）但是我們在此感興趣的是他在《詞與物》中提出了特定時空中具有特定的「認識型」（épistéme）的概念。這一概念形容了詞與物被組織起來的無意識的知識空間。（Foucault，1966）

　　福柯的認識型概念是他論述知識生產和知識發展觀念的基礎。福柯認為知識生產是一種集體實踐，個體及其知識在此需重新定位。（福柯，1971，p.227）他以 18 世紀末的醫學為例。如果隨便翻開一本 1770～1780 年的醫書，讀上二十幾頁；然後再看二十幾頁 1820～1830 年的一本醫書。就會發現經過四、五十年後醫學發生了巨大變化。無論人們談及的內容還是說話的方式，以及人們的眼界和看問題的角度都有巨變。這種作用就是集體實踐的結果，或者可以說是無形學院的結果。從這可以看出科學巨人和普通大眾都是科學史中不可或缺的成分。如果說偉大的科學家是知識海洋中的一座座山峰，那麼普通的科學工作者就是海水。不同的歷史時期，海水的成分不同，也就是有著不同的認識型。以往的科學史主要看到了這山峰，而福柯要做的是研究這構成海洋的海水。

　　福柯對認識型的研究使他非常自然地懷疑起科學、知識是循著某條「進步」的路線，服從於「增長」的原則和彙聚各種各樣知識的原則，這樣一種習慣性認識。他認為認識型只是在不斷的轉變，而且轉變前後的認識型是不可通約的。這種結論就是他對生物學、

政治經濟學、精神病學、醫學等歷史發展的研究得出來的，認為它們的變化節奏根本不遵循人們通常所認為的和緩而又連續的發展圖式。（福柯，1976a，p.430）

　　福柯的這些論述與庫恩科學革命的觀點非常相象。福柯的認識型概念與庫恩的範式概念，幾乎異曲同工。福柯提出了科學知識的集體生產論斷，而庫恩則提出了常規科學的概念，這兩者都注意到了科學研究中默默無聞而又人數眾多的普通科學工作者。但是庫恩主要是從對物理學的研究中得出科學革命的結構來，福柯則是在分別屬於自然科學的生物學、社會科學的經濟學和人文科學的語言學中得出了認識型轉變的觀念。此外，庫恩不但注意到了生產知識的集體，在他的科學革命的結構中，還給偉大的科學家留下了重要的位置。他們通常處於科學危機之時作為打擊常規科學的重要力量出現，或者因他們的打擊而使科學範式出現危機。

四、「特殊型」的知識份子

　　福柯站在自然與人文的交叉帶上進行研究，當然也不忘記關注一下知識份子：人文學者和科學家。他竟然發現，那些終日在儀器設備前面忙忙碌碌，撰寫學術論文，埋頭於專業領域的科學工作者不知不覺間，就走上了政治舞臺。這些人，物理學家、環境學家、遺傳學家等等，被福柯稱為特殊型知識份子。特殊之處在於他們只是某個專業的專家，但是他們卻可以影響所有的人、影響整個社會、乃至影響整個世界。專家學者開始對社會負有重要責任，他們取代了傳統士大夫的地位，取代了具有社會責任感的人文知識份子的地位。

　　福柯還考證了這種特殊知識份子是從第二次世界大戰開始出現的。是個名叫奧本海默的原子物理學家,使得普遍型知識份子同特殊型知識份子聯繫在一起。而最初產生這種影響的是後達爾文主義者。社會主義者吸收了進化論的思想,雖然他們之間的關係波動不定。進化論對社會學、犯罪學以及優生學的作用也含糊不清。但是,這一切標示了一個重要時刻:學者憑藉局部科學真理——不管其重要性如何——干預其所處時代的政治活動。從歷史上看,在西方知識份子史上,達爾文代表了這個轉捩點。(福柯,1976a,p.442)當然專家學者對社會、政治所產生的如此巨大的影響力,從根本上來說是科學知識發展的結果。它充分表明了科學知識所具有的力量。

　　以上所述是專家學者參與社會的一種極端情況,更普遍的是專家學者成為經濟生活中的重要力量。人們對此的認識程度充分反映在「科學技術是第一生產力」這句口號中。利奧塔的《後現代狀況》揭示的就是這種知識狀況:知識成為商品,科學家的陣地不只在大學中,更多的是在公司中;科學研究活動變成經濟活動的一個環節;科學家同樣也憑藉他們手中的知識成為權力的擁有者;經濟和權力對科學知識的需要,使得它們成為科學研究的投資者,科學也就朝向經濟和權力所需要的方向發展,利奧塔深刻的說明瞭這一點。但是利奧塔更多的是強調科學知識性質在資訊化社會中的變化。這種變化就是知識與經濟形成一體的活動更容易了。

　　福柯所指出的特殊知識份子走上了他們並不熟悉的政治舞臺,起到了過去那種偉大作家所起的作用。這就要求他不但有過硬的科學研究能力,更要在倫理、道德問題上有清晰的頭腦和明確的立場。福柯指出了特殊型知識份子遇到的障礙和面臨的一些危險:「特殊知識份子局限於一些應時的鬥爭,只關注某些部門的要求,同時有可

能被從事這類局部鬥爭的政治黨派或工會組織所操縱，特別有可能因為缺少整體戰略和外部支持而難以發展這類鬥爭。」（福柯，1976a，p.444）特殊型的知識份子們不熟悉政治鬥爭，但是他們手中有致命武器，成為權力爭奪和利用的目標。這些特殊知識份子的責任就變得異常重要。

而那些不擔負如此重的政治與社會責任的特殊知識份子，比如公司、大學中的知識份子因為出售知識、出售思想，他們成為了社會上的富裕階層。他們的知識就是資本，而成為知本家。

五、科學與知識考古學

追問福柯到底是不是科學史家、科學哲學家是沒有意義的。有意義的是考察處在自然科學與人文社會科學之間的福柯的思想理路。

福柯在進行了一系列考古學研究之後，在《知識考古學》中從理論層面對他的考古學實踐進行回顧和分析。福柯站在新的立場重新提出了考古學與科學之間的關係問題，也就是說，為什麼在遵循惟一的科學秩序時，數學、物理或者化學卻悄悄漏掉呢？為什麼要使用如此眾多的、模糊的、未定形的和可能註定永遠處於科學性界限之下的學科呢？」（福柯，1969，p.230）

在探討福柯的考古學與科學之間關係的問題之前，要問的是福柯為什麼要做這一系列的「科學史」研究？從福柯的書信、談話中，可以看出當時在法國哲學界，康德曾經提出的問題「何為啟蒙？」是當時爭論的一個重要方面。福柯的一系列「科學史」研究就是他

對這一問題的回答,也就是對啟蒙問題進行的反思。在當時的法國,這一問題已經取得了異常精確的形式即「何為科學史?」(福柯,1983,p.492)。科學史家通過科學史研究對這一問題的回答在法國哲學界取得了重要地位。福柯對這一問題的回答從科學史研究開始也就不奇怪了。

在這一問題上,利奧塔與福柯非常相似,不過他們回答的方式和研究的對象卻截然相反。這也許與他們所處的共同的國內、國際環境,不同的實踐、探究有關。利奧塔與福柯是巴黎高師的同學,而且同屆。利奧塔通過分析科學知識的合法化問題揭示了啟蒙的虛妄性,然後著重描述 20 世紀中後期最發達國家的科學知識狀況。福柯卻徹底批判了啟蒙運動中科學知識與宗教迷信、文明與愚昧等的嚴格對立,並揭示進步與理性的虛妄性。

福柯得出這種結論是他研究現代科學形成時期的科學史的結果。福柯的科學史是一種特殊形式的科學史,因為普通的科學史大多是描述進步理性的歷史。福柯對何為啟蒙這一問題的回答方式,在法國是有傳統的:巴什拉、康紀萊姆和科瓦雷所做的特定時空的科學史研究,就是從不同側面談到了對當代哲學具有根本意義的啟蒙問題,乃至形成了在法國哲學中回答這一問題的核心。(福柯,1978,p.451)福柯繼承了巴什拉和康紀萊姆研究不連續性的科學史傳統,並在此基礎上開闢了新的方向。巴什拉的研究對象是物理學,康紀萊姆研究的是生物學與醫學,福柯是從精神病學和醫學入手,強調了病人同時具有主體性與客體性雙重身份的特徵。在這一思路的延續下,福柯又研究了被關押的罪犯、和受到壓抑的性,由此福柯的「科學史」研究變成了一種人學研究。

　　雖然福柯的考古學研究已經是一種變形了的科學史。在福柯的考古學研究中有科學的成份也有非科學的成分。那麼福柯的考古學與科學是一種什麼樣的關係呢？

　　福柯的考古學是一種廣義的知識史研究方法。這種研究方法從話語實踐入手，而不是從思想意識入手。話語實踐是一切知識的基礎，福柯對知識的界定就是「由某種話語實踐按其規則構成的並為某門科學的建立所不可缺少的成分整體，儘管它們並不是必然會產生科學，我們可以稱之為知識。」（福柯，1969，p.243）由此可見科學知識只是知識的一部分。科學也只是進行考古學研究的領域之一，考古學還可以研究文學或哲學的文本。

　　福柯的考古學對科學的考察也是通過話語實踐開始的，而不是研究思想意識，這樣就避免了主體的問題，同時也就開通了對集體生產知識的研究。對集體生產知識的研究離不開認識型的概念：認識型是一種在既定的時期把產生認識論形態、產生科學，也許還有形式化系統的話語實踐聯繫起來的關係的整體。（Foucault，1969，p.191）這樣的整體是一個複雜狀態，但是對其分析可以發現各種科學之間關係的情況。這是那種傳統的縱向的科學史研究所難以做到的。精神病學是一個典型的話語實踐成分複雜的學科。就像福柯所考證的那樣，具有科學性的醫學知識在其中所占的成分是很少的，而其他的政治、經濟的話語實踐佔據了很大部分。精神病學、醫學、化學及至數學等形成了科學知識比例不同的學科，這就表現出了科學的層次性。

　　福柯對科學、半科學和非科學的考古，不但揭示了一種新的歷史觀，還揭示出了一種新的科學史乃至科學哲學的景觀。即科學史並不是一成不變的，並不是有一個最終的共同目標。一門科學的科

學史隨著它的現狀的不斷變化而顯現出多種歷史過去，多種連續形式，多種重要的等級，多種決定論網路及目的論。(福柯，1969，p.5)科學史也是當下與過去視域融合的一種「效果史」。在此福柯與伽達默爾的歷史觀正好一致。科學哲學會隨著科學史的豐富化，變成有各種聲音在討論的領域，形成百家爭鳴的狀態。其他地域的科技文明也在這種討論中發出自己的聲音。福柯的工作因而成為後現代主義的經典。

第三章

「後哲學文化」中的科學主義批判
——論羅蒂視野中的科學

　　如果說哈伯（Honi Fern Haber）在其《超越後現代政治學——利奧塔、羅蒂和福柯》一書中，選擇羅蒂（Richard Rorty，1931-）來討論，是因為「他是後現代政治學英裔美國人中最有影響的代表」（Haber，1994，p.7），那麼我在探討後現代人文視野中的科學這一主題中選擇羅蒂是因為他對科學的態度具有與大陸哲學相呼應的後現代性，而且更能體現美國哲學的特點。

　　雖然對科學的研究並非羅蒂的工作重心，但他對科學的認識不但深刻而且還為我們認識科學提供了一個不限於專業視野的更為廣闊也更為新穎的哲學背景。

　　如果說利奧塔主要是研究社會現實中的科學，福柯研究的是歷史中的科學的話，那麼羅蒂主要是對現代西方哲學史中的科學進行研究。他既探討許多哲學流派的科學觀，又對眾多相對獨立的個人的科學思想進行評介。比如他探討了邏輯經驗主義、實證主義、實用主義和分析哲學學派的科學觀。又介紹了海德格爾、蒯因（Quine）、庫恩、費耶阿本德、普特南（Putnam）等哲學家對科學的認識。羅蒂在西方現代哲學大背景中對科學的探討，弱化了科學哲學家與非科學哲學家的分界。然而，他的目光沒有對科學的研究作過多的停

留，而是藉此探究「哲學怎麼了？我們需要什麼樣的哲學？」等問題。因此他不像以對科學的研究為工作重心的人那樣，容易把科學哲學從哲學的大背景中割裂出來，而模糊掉科學哲學與哲學千絲萬縷的聯繫。而且他對科學的研究始終融合在他對「鏡式哲學」的批判與「後哲學文化」的建構之中。

一、羅蒂的認識論批判與科學主義批判

對科學主義的批判，在西方哲學史中實際上是對 17～19 世紀近300 年的思想文化狀況的一種反思，尤其是對科學在文化中地位的反思，或者說是對科學在文化中所具有的中心地位的批判。

科學主義批判在某種程度上說，與 19 世紀末的哲學轉向處於一種共生關係之中。哲學轉向一方面是從笛卡爾開始的現代認識論傳統轉向至美國的威廉‧詹姆士重新啟用的（William James，1842-1910）實用主義傳統，另一方面在歐洲則由胡塞爾（Edmund Husserl，1859-1938）開創的現象學發展出了一個新的方向。傳統的認識論思維方式本身很可能導致在文化狀況中必然有某一領域處於中心地位，作為文化其他部分的榜樣。17～19 世紀的科學就逐漸處於這種中心地位。在 19 世紀末，隨著對認識論思維方式的批判，作為認識論思維方式樣板的科學，同時也受到了批判。

實用主義是與認識論相對立的另一種思維方式。但是實用主義對待科學的態度是相當友好而積極的。杜威（John Dewey）甚至認為「實用主義是以科學上的實驗方法以及遺傳學和進化論的概念為其來源的」（杜威，1977，p.162）。但是他們看待科學的視角與認識

論不同，實用主義看待科學的方式表明他們贊成科學但不贊成把科學作為文化中心。在實用主義的思維方式中，沒有導出確認文化中心這一結論的必然邏輯思路。因此他們對認識論的批判就間接批判了科學主義。

而主張「回到事物本身」的超越認識論的現象學運動，就是一面對科學主義進行批判，一面試圖建立自己的哲學體系，同時改變了思想史的發展方向。胡塞爾的科學主義批判，與實用主義通過對認識論的批判而達到對科學主義的批判的進路恰恰相反，他認為科學不夠嚴格，不夠確定。胡塞爾寫到「一旦我們考慮到科學是進行認識的主體意識的成就，他們的自明性和清晰性就成為不可理解的荒謬了」。（胡塞爾，1936，p.107）。他的思想與認識論要尋找一個普遍而明證的理論這一初衷很相似，而且是有過之而無不及。但他認為以自然科學為來源的經驗主義、實證主義都無法是直觀的、純粹的，絕對明證的，不經過任何中間的『認識論』程式而直接面對事物本身。（葉闖，1996，p.61）而且，自然科學使生活意義丟失了。

這是第一代科學主義批判者。實用主義者與胡塞爾對科學主義的批判，實際上是他們建立新的世界觀，或恢復另一傳統的邏輯必需。但是他們有一個共同的特徵就是他們所進行的科學主義批判都是在文化反思中做出的。這幾乎是哲學家對科學反思中的通常情況。科學只是他們視野中一個必要但不充分的組成。

被稱為後現代主義者的是第二代科學主義批判者。他們大多繼承了第一代科學主義批判者的思想，如伽達默爾和羅蒂就分別繼承了現象學和實用主義的傳統。但是他們處於一個不同的社會和學術環境中，對科學主義的批判有他們自己的特點。這一章探討羅蒂對科學的反思。

（一）對科學方法的批判

　　羅蒂的科學主義批判涵容在他的認識論批判之中，或者說他的科學主義批判是其認識論批判的一個重要表現。羅蒂的認識論批判是他對哲學的現代傳統的批判。認識論的思維方式在現代哲學中不但傳統悠久而且處於現代哲學的中心。尤其是現代科學的產生和發展，給認識論的思維方式以前所未有的活力，並最終形成了這種思維方式上的科學主義，同時也導致了現代哲學危機，以及引發了對科學的大規模而持續的反思活動。

　　認識論批判的實質是在不同的歷史、社會環境中形成的思維方式的轉變，是用另一種宇宙觀代替了前一種宇宙觀（費耶阿本德，1990，p.導言），而且還發現了過去那種宇宙觀中深刻的矛盾。在認識論思維方式中最關鍵的是，有一個外在於我們人類的、客觀的絕對世界的信念。就是在這個信念中，方法、實在與真理的關係得以明確。其中把握真理就是把握了這個客觀世界，同時客觀世界是客觀真理的棲息地，它保證了客觀真理的存在，而我們人類所要做的就是掌握達至客觀真理的方法，然後就可以一勞永逸地按照所把握的真理生活，這就是理性的生活方式。羅蒂的科學主義批判正是落在對「科學方法」和「科學實在」的批判上，瓦解了這兩點，認識論的思維方式就不攻自破。其中對科學方法的批判主要是在對現代哲學的認識論批判中表現出來，而對科學實在論的批判相對集中於對 20 世紀 60～70 年代出現的科學實在論者所具有的觀念的批判。

　　其中對科學方法的批判尤其體現了羅蒂認識論批判與科學主義批判相融合的特徵。羅蒂的認識論批判是其科學主義批判的思想主導，而科學主義批判是其認識論批判的一個重要表現。科學主義批

判是其認識論批判的必要組成的一個重要原因是，現代科學不但是現代哲學的一個巨大背景，而且對認識論思維占主導的人而言，都在其認識論體系中把科學置於重要位置。而羅蒂對笛卡爾、康德和洛克等人的認識論批判中所內涵的對達至客觀真理的科學方法的追求的批判，就表明羅蒂對他們的認識論思維方式的批判是不可能繞過科學而不談的。當現代哲學發展到實證主義階段的時候，科學主義幾乎同時出現了。最能夠實現認識論目的的被認為是自然科學，這時的科學主義批判就成為認識論批判的主要內容。現代哲學 300 年的歷史正反映了科學對哲學的影響，及科學在文化中日益佔據中心地位的境況。因此羅蒂對以認識論為中心的現代哲學的批判，無法離開對科學主義的批判。

懷特海（Whitehead）認為笛卡爾以清晰的系統說法開創了持續 300 年的一種現代哲學。（懷特海，1932，p.141）笛卡爾創立的思想體系，使後日的哲學在某種程度上和科學保持了接觸。沿著這一傳統的還有洛克和康德。（懷特海，1932，p.149）。這意味著在現代哲學主要傳統的建構中，科學是一個重要的參與者。而羅蒂的認識論批判無獨有偶也是沿著這一路線進行，隨著他的批判順延下來，我們逐漸看到的是科學的影響越來越大，乃至形成科學主義，隨後導致的是對科學主義的批判。

笛卡爾本人不但是哲學家，還是科學家，而且他力求這兩者的統一。當時的科學及他所做的科學研究是為他尋找真理提供方法啟示的。從他 1637 年出版的一部著作的名稱，就可以看出，在其思想中，笛卡爾的科學是為其認識論服務的。此書即為《談為了很好地引導其理性並在科學中探索真理的方法，外加折光學、大氣現象和幾何學，它們是這個方法的實驗》，後來為簡便起見稱為《方法談》。

這部書的獨特之處是用一篇探求真理方法的哲學文章作為三篇科學論文的序言。羅蒂認為：「從那個時候以後，就敞開了哲學家去達到數學家或數學物理學家嚴格性，或者達到這些領域嚴格性外表的大道，而不是敞開了幫助人們獲得心靈平和的大道。科學，而非生活，成為哲學的主題，而認識論成為其中心部分。」（羅蒂，1979，p.43）

如果說現代科學從哥白尼開始，伽利略則奠定了現代科學的基礎，並且從此開始為現代哲學提供了一個影響日益強大的科學背景。正是他們的成功，抹去了哲學中厚厚的宗教雲層，與新生的科學有著密切關係的現代哲學得以展露。笛卡爾等人從這種異於亞里士多德泛靈論、目的論和擬人化的新的思維方式中，吸取了獲得真理的可靠方法。比如，伽利略把宇宙看作是無限的、冷漠和無慰藉的，把行星或者微粒看成是點的集團，這樣就可以通過尋找精確簡單的數學比，得到精確簡單的預言性規律，即獲得真理。羅蒂認為這些發現只是現代技術文明的基礎，它們沒有表明任何認識論寓意，也不能告訴我們關於科學或理性的本質。（Rorty，1994，p.46）在此羅蒂批判了科學作為獲取絕對真理有效方法的觀點，而且科學也不是文化基礎。

正是那種克服一切描述、一切表象而進入某種意識狀態原型的哲學幻想的笛卡爾哲學，把表達不清的對質的最佳特徵同語言上明確闡釋的最佳特徵結合起來。伽利略和牛頓恰好提出一套數學術語。從他們那時起一直到現在，「理性」、「方法」和「科學」的觀念就無法解脫地同對這類原理的尋求緊密結合在一起。羅蒂認為正是這種模型的繼續，「科學方法」的觀念才被接受下來。

羅蒂隨後討論了 19 世紀實證主義的觀點，他認為他們把上一個一百年都花在用「客觀」、「嚴密」和「方法」這些觀念把科學從非

科學中離析出來的努力中。因為他們認為，從自然界本身的語言出發就能夠說明，科學成功這種觀念由於某種原因必定是正確的信念。即使這種隱喻不可能兌現，即使實在論和唯心主義都不能解釋假定自然界本身的語言與當時的科學行話之間想像的「一致」究竟之所在（即使他們不能回答在什麼地方一致，還是認為數學語言是自然界本身的語言）。羅蒂認為幾乎沒有思想家提出也許科學沒有成功的秘訣這一想法，也幾乎沒有人願意發誓放棄「新智」或「理性」自身的本質，發現這種本質將給我們提供某種「方法」，而遵循那種方法將使我們能夠透過事物的表象，發現「在它本身的方式中的本質」的這樣一些觀念。

羅蒂認為「採用庫恩和杜威的思維方式，則提不出科學方法的觀念」。（Rorty，1994，p.49）。在庫恩的思維方式中就沒有外在的客觀實在的概念，他認為科學發展的過程就是常規→危機→革命→常規各個時期的往復循環，沒有一個指向最終目標的實在。而對「常規科學就是解難題」的認識具有實用主義傾向，其目的是解決當下的難題，方法只不過是尋找一個適手的工具。客觀的科學方法問題在這裏失去了提問的可能性。費耶阿本德在接受了庫恩的思想之後，更是張出了「反對方法」的旗幟，提出了「怎麼都行」的口號。在這一點上利奧塔與羅蒂的想法是非常一致的，他們都接受了庫恩和費耶阿本德的思想。

但是對客觀科學方法的追求是不是完全沒有意義呢？雖然羅蒂認為「絕對的（『客觀的』）實在概念，和『科學方法』的傳統觀念既不清楚也沒用處」，（Rorty，1994，p.48）但是，他還是認為伽利略的語彙是遠離當時的共同體意識和宗教情感的，而正是這一點使得科學代替宗教成為了歐洲人思想生活的中心。雖然羅蒂認為在理

論上沒有達至客觀真理的唯一方法，沒有供文化其他部分進行學習的唯一的科學方法，並不等於產生科學知識沒有較為適用的方法，只不過這些方法並不是達至客觀真理的虹橋。

（二）超越科學實在論

羅蒂的科學主義批判一方面在認識論的批判中重點強調對獨特的科學方法的批判，另一方面是對認識論思維方式所導引出的文化中心問題的批判，即對科學作為文化中心的批判，這是與其對哲學作為文化中心的批判遙相呼應的。而在這一批判中羅蒂重新評價了科學劃界問題並努力超越科學實在論。

羅蒂的實在論批判主要是在當代英美分析哲學的歷史過程中作出的，而不像方法論批判那樣貫穿現代哲學史。這一方面與羅蒂本人的分析哲學家背景相關，他非常熟悉分析哲學領域內的情況。另一方面也與科學哲學在分析哲學中的歷史狀況非常相關。邏輯經驗主義不但是科學哲學學科的創建者，還是分析哲學的重要流派，並形成了分析哲學家進行科學哲學研究的傳統。科學實在論則是分析哲學領域中研究科學哲學的人對理論實體所持的肯定態度。雖然科學實在論者不限於分析哲學，但是其代表人物卻大多是著名的分析哲學家如普特南（Hilary Putnam）和塞拉斯（Wilfrid Sellars）等。

羅蒂在追問科學何以能夠成為文化中心，何以會有科學哲學這門學科時，認為「人們相信，科學（或至少『自然科學』）命名了一種自然性，一個文化領域。把這種自然性、文化領域區分開來的是其以下兩個特徵的一個或兩個：一種特別的方法，或一種與實在的特別的關係」。（羅蒂，1992，p.49）羅蒂通過對實在論與方法論批判達到瓦解自然科學自然性或作為一個文化領域的目的，也是他重

新思考科學劃界問題的前提，從而解除了科學作為文化中心的地位。其實，科學在社會中的地位問題，是許多後現代主義者所關心的問題，比如利奧塔著重探討了科學知識在當下社會中的地位問題。而伽達默爾「哲學解釋學」的批判背景就是認識論思維方式所導致的科學作為文化中心。福柯的一系列考古學研究就是要對科學在文化中的中心地位進行解構。

　　什麼是科學實在論？「樸素的講，科學實在論是這樣一種觀念，即科學所描畫的世界圖景是真實的，而且假設的實體也真實地存在著。它吸引科學實在論者的是這樣一種信念，即今日的科學理論（基本上）是正確的。」（van Fraassen，1984，p.250）科學實在論的主要問題圍繞科學理論展開，首先是理論實體是否真實地存在著？這是科學實在論的基本問題，也是其基本判據，並在這一基礎上探討真理觀和科學理論的成功解釋等問題。羅蒂的實在論批判主要涉及的就是這三方面的問題。

　　羅蒂對科學實在論的態度與其說是批判不如說是超越。在他的思維中努力要做的是避免提出實在論方式的問題，因此他並不是針鋒相對的反實在論，而是超越。他通過重新思考科學實在論的三個主要問題來達到他的目的：一是關於「不同世界」的話題；二是理論實體如電子是否實在地存在；三是「指導著科學家的工作並使他們的觀點趨向一致的世界的觀念」。

　　首先，羅蒂針對的是「世界使信念為真」的論題。這個論題與庫恩閱讀亞里士多德的著作時所面臨的問題非常相似。庫恩提出了一個著名的疑問，即亞里士多德與伽利略的物理學相比較，為什麼前者讓人覺得錯誤的荒謬？可是也難於承認亞里士多德一無是處，因為他的權威畢竟持續了一千多年。庫恩領悟到「要辨別瞭解過時

的事件，只有對過時的著作恢復過時的讀法」。（庫恩，1979，p.V）
即是只有處於亞里士多德的視角裏，其物理學才是可以理解的。它
與亞里士多德本人的其他思想是相一致的，也與亞里士多德所處社
會、歷史環境中的集體觀念相一致的。庫恩的追隨者由此得出了「世
界使句子為真」的信念。亞里士多德與伽利略是在不同的世界中，
因此他們擁有不同的真理，表現出了真理的相對主義。

　　但是羅蒂認為「亞里士多德或伽利略各自觀點的內在一致性，
還不足於把他們的觀點說成是真的，只有與我們的觀點一致才可以
被說成是真」（羅蒂，1992，p.55）。即「在我們能把亞里士多德或
伽利略說的話看成『真』之前，他們兩個人都必須面臨我們現時的
信念法庭」。（羅蒂，1992，p.57）這種關於真理的觀點從根本上拋
掉了對永恆性真理的追求，或者說在這種思維方式中，帶有永恆性
特徵的客觀真理都被排除在提問之外了。同時這種真理觀不需要一
個真實的客觀世界圖景為前提，科學實在論不需要納入視野。

　　進而羅蒂吸收了蒯因（Quine）的整體論觀念，即全部科學包括
數理科學、自然科學和人文科學是一個互相聯繫類似於力場的整體
性的知識體系，越理論性、越具有普遍性的陳述越處於網路的中心
位置（蒯因，1980，p.88）。羅蒂認為「放棄區分多個世界的信念而
接受蒯因的整體論，我們就不會力圖使『科學的整體』從『文化的
整體』中區分開來了，而將把我們所有的信念和願望看作是同一個
蒯因式網路的一部分」。（羅蒂，1992，p.57）科學劃界也就成了有
待懷疑的問題。羅蒂由此完成了在什麼是真理問題上的對科學實在
論的超越。

　　其次，羅蒂討論了科學實在論的基本問題，即理論實體是否真
實地存在？他對這一問題的討論是在實在論與工具主義論爭的基礎

上進行的。工具主義把諸如「電子」、「基因」這類假設的抽象概念只作為用理論說明觀察現象的工具。羅蒂在這一問題上既沒有贊成實在論也沒有同意工具主義，而是轉換思路從根本上質疑他們的提問方式。羅蒂認為無論實在論還是工具主義都假定了科學說明的「推論原則」，並認為這一原則在現代科學中比在荷馬的神學和先驗哲學中更為流行。但是羅蒂認為「任何作為『科學說明核心』的『推論原則』，最後將表明實際上對文化的每一個其他領域都是核心的。具體地說，假定你用不能看到的東西來說明你所能看到的東西，同特設證明一樣，決不是為通常被稱為『科學』的活動所特有的。」（Rorty，1991，p.53）

第三，羅蒂通過探討是否有最好的科學說明這一問題，反駁了科學與實在有著特別聯繫的觀點。在這一問題中，羅蒂吸收了戴維森（Donald Herbert Davidson）、博伊德（Richard N. Boyd）和萊文（Michael Levin）的思想來反對威廉斯（Bernard Williams）的認識，並通過杜威和維特根斯坦的思維方式獲得了自己的認識；沒有最好的科學說明。戴維森、博伊德、萊文和威廉斯均是分析哲學家。威廉斯在其《倫理學與哲學的限度》一書的「知識、科學與彙聚」一章中表達了這樣的觀點即「在科學研究中，理想上應該存在向一個答案的彙聚，對彙聚的最好說明所涉及的觀念是，這個答案表明了事物的存在方式。」（Williams，1985，p.136）。這意味著將有一個最好的科學說明。而且威廉還認為「可以形成一個絕對的實在觀念，可能為任何研究者達到的觀念」。（Williams，p.139）它能夠表明彙聚是怎樣受到事物的實際存在方式指導的，即科學說明與實在有著特別的聯繫。

　　博伊德和萊文分別注意到了用科學具有的特別科學方法或者與實在有著特別的聯繫來說明科學理論的成功，都是不可能的。羅蒂不但同意而且做了詳盡的解釋，他認為如果想要這樣做「他們必將分離出某些並不為文化的其他部門共有的導致可靠性的方法，並進而分離出與這些方法相一致的世界的某些特徵。可以說，他們需要兩套可以完全獨立描述的齒輪，而且它們的構造應顯示得清清楚楚，使我們可以看到它們究竟是怎樣相互嚙合的。」（Rorty，1992，p.55）實際上，就連提出這種主張的威廉斯也並不想去具體實施，只是認為原則上是可能的。

　　從後期維特根斯坦或戴維森或杜威關於語言與世界是因果而非表象關係的觀點來看，不存在像對任何事情的『最好說明』這樣的東西。所有的只是最適合某個特定說明者的目的的說明。（羅蒂，1994，p.71）羅蒂從對科學實在論基本觀念的批判上實現了對實在論的超越，並重新闡述了科學劃界問題。

（三）新實用主義的科學劃界

　　羅蒂對自然科學是否具有自然性的質問，實際上就是重新評價科學劃界問題。而這又是羅蒂對科學在文化中所處的中心地位批判的必要內容。羅蒂似乎要取消科學與非科學之間的區別，消解科學劃界（陳健，1997，p.109），但實際上他在消解某些界限的同時又給出了新實用主義的科學劃界。

　　羅蒂認為為科學劃界的目的主要有兩個：一是想通過科學獲得過去由宗教提供的形而上學安慰，另一個是把科學家作為道德楷模。這兩種目的實際上，都還處在認識論傳統之中。尤其是科學所起的形而上學安慰作用，是科學取代了神的位置，雖然人本主義已

經獲得了較大的發展，但歷史的慣性是巨大的。就如羅蒂所說「實證主義在不依賴上帝方面，只走了一半。在其科學的觀念中（和在其「科學哲學」的觀念中），他們仍保留了一個神。」（羅蒂，1992，p.22）而自然科學的這種神化作用，是當代西方哲學逐漸在使自己擺脫的若干觀念之一。「希臘傳統性區分法的消除是杜威、海德格爾和維特根斯坦的共同主題，它將使西方擺脫現成的老框框」。（羅蒂，1987，序 p.15）後現代主義者則繼續揭露這一虛妄的形而上學安慰，試圖在現代文化中重新給科學定位。

　　科學家作為道德楷模不但有助於使科學成為文化中心，還有助於科學家起到牧師的作用。「自然科學家通常是某些道德德性的凸出代表。科學家由於堅持說服而不是壓服，由於（相對的）不腐敗性、耐心和理性而得到了應有的聲譽。被選進皇家學會的人比選進（例如）下院的人也更誠實、更可信、更公道。在美國，國家科學院明顯地不像眾議院那麼腐敗。」羅蒂給出的原因是「不存在深刻的說明，只是歷史的巧合」。（羅蒂，1992，p.73）但是，我認為「歷史巧合」的回答過於含混，不同行業對於人的道德會起不同的作用，有的會有助於提升其道德水準，有的會誘導其道德敗壞。羅蒂所做的科學家與議員的例子就非常具有代表性。實際上，科學家具有良好的道德德性，主要的不是科學家本人道德完善，而是科學家通常離權力較遠，難以運用權力來壓制同行或對手。對手與他們本身是平等的，並且科學研究的活動方式即制度，都是抑制壓服倡導說服的。同樣他們由於缺少權力，難以實現用權力來交換金錢，腐敗的機會少。而議員最重要的財富就是權力，他們如果不潔身自好是很容易腐敗的。

　　但是消解認識論的劃界問題，是否就不再需要為科學劃界了呢？實際上，科學劃界是一個十分必要的問題，但是劃界的目的卻是多種多樣的。羅蒂在新實用主義的意義上，繼續為科學劃界，只不過他的劃界只強調科學預測和控制能力的與眾不同。而在其他方面，比如「實用主義並不想把科學作為代替上帝的偶像。它認為科學只是一種文學，或者反過來說，認為文學藝術與科學研究有同樣的地位。倫理學不需要變得『科學』，物理學是試圖對付宇宙的不同部分的一種方法，倫理學試圖應付其他部分的問題」。（羅蒂，1992，p.22）

　　後現代主義者對科學主義的批判或者在新的社會狀況中重新思考科學在文化中的地位，在某種意義上說是對整個西方現代社會文化狀況的反思。羅蒂、利奧塔、福柯和伽達默爾，從不同角度、不同層面出發關心的卻是同一個問題。但是他們批判的方式和深度卻是不同的。羅蒂主要是用另一種傳統即實用主義的傳統代替認識論的傳統，超越作為認識論核心的科學方法與科學實在論。他進行的是思維方式的轉換，在這種轉換中他用實用主義的問題代替了認識論的問題。雖然他的研究取得了許多人的認可，但是同利奧塔和伽達默爾相比，羅蒂雖然成功地用另一種思維方式代替了認識論，但是他卻沒能夠指出這其中的根本矛盾。

　　利奧塔和伽達默爾則以不同的方法分別認識到了這一點。其中伽達默爾可以說是羅蒂科學主義批判的補充，因為他恰好指出了認識論的根本矛盾。伽達默爾繼承了海德格爾關於「存在的真理」思想，他認為真理並不是通過方法達到與客觀實在相符合的認識論問題，而首先是存在的問題，是以理解方式存在的此在的世界經驗。伽達默爾不是用另一種思維代替認識論的思維，而是在現代科學範

圍內抵制對科學方法的普遍要求，在經驗所及並且可以追問其合法性的一切地方，去探尋那種超出科學方法論控制範圍的對真理的經驗。（伽達默爾，1986，導言 p.18）在伽達默爾的論述裏所表現出的認識論矛盾就是把人與他周圍的世界相對立起來。其實，真理就存在於一種歷史性、有限性存在的經驗之中，在這裏人與其客觀世界是融為一體的。利奧塔更主要的是指出了科學作為文化中心、作為文化其他各部分榜樣，這種觀念中所存在的根本矛盾。他靈活的應用了維特根斯坦的語言遊戲理論，指出「沒有什麼能證明：如果一個描寫現實的陳述是真實的，那麼與它對應的規定性陳述就是公正的。科學玩的是自己的遊戲，它不能使其他類型的遊戲合法化。」（利奧塔，1979，p.83）

二、羅蒂的「種族中心主義」科學觀

（一）羅蒂的「種族中心主義」

20 世紀的西方哲學在某種意義上可以說是認識論批判哲學或者說是科學主義批判哲學。無論是美國的實用主義還是歐洲大陸的存在論哲學，都在進行認識論批判的同時，不可分割地進行著科學主義批判。但是，認識論思維仍然在語言分析的外衣下繼續保持了活力。而且由於戰爭原因，分析哲學在美國繁榮起來，壓制了美國本土哲學即實用主義哲學的發展。甚至使人有這樣的感覺，在 30～40 年代的美國，哲學就是指分析哲學（戴維森，1993，序 p.1）。羅蒂作為一名分析哲學家對認識論進行批判，並提出了「種族中心主義」

的世界觀。他繼承了美國的實用主義傳統，並把分析哲學陣營內部
反對認識論思維方式的蒯因、塞拉斯、普特南和戴維森等作為自己
的戰友，並與大陸的海德格爾、福柯和德里達遙相呼應。

　　羅蒂建立了以「種族中心主義」為核心的「後哲學文化」。他的
「後哲學」是指「克服人們以為人生最重要的東西就是建立與某種
非人類的東西相聯繫的信念。」（羅蒂，1992，序 p.11）由此可以看
出羅蒂首先是對認識論思維方式的大前提進行批判。認識論的大前
提實際上是一種極端非理性的假設，即認為有一個外在於人的，永
恆不變的實在。這是宗教哲學的延續，而這種神學思維在人類文化
中是一個普遍現象，它表現了人的一種心理需求，即在面對無奈現
實時需要的心靈慰藉。羅蒂的「後哲學文化」取消了這一前提，同
時也割斷了人與超人類實在的聯繫。但是人類對超人類世界的幻想
來滿足心靈慰藉的需要，卻不一定是可以割斷的。融合在後現代哲
學思潮中的「後哲學文化」，有助於使我們對以認識論為主的現代哲
學有著更清楚的認識，但是卻不能斷言認識論哲學結束了。不管是
羅蒂還是伽達默爾都在對這個延續千年的假設進行批判，羅蒂質問
的是這種假設有什麼用？伽達默爾則認為這種假設不是最根本的
問題。

　　當羅蒂取消了與超人類世界的聯繫之後，發現人所能依靠的只
有人自己了。而且依靠的並不是一個抽象的人類，而是具體的、豐
富多彩的以「種族」為基礎的人群，就此形成了他的「種族中心主
義」。在這種思維方式中，最基本的原則是「主體間性」，這是一種
實用主義的態度。羅蒂以各種人類共同體為基礎，以實用主義作為
共同體之間的遊戲規則，表現出這二者之間是一種和諧互助的關
係，就像超人類世界與表象主義的關係一樣是同一枚硬幣的兩面。

真理、合理性、還是客觀性將都要在「種族中心主義」中重新獲得意義，而且同時也改變了它們曾在認識論思維中所具有的中心地位，同時與它們關係密切的自然科學在文化中的地位也將重新加以考慮。在這種思維方式中，並不具有一個居於中心地位的哲學體系，相反哲學只起「教化」（Edification）作用，而且羅蒂認為「教育在人文傳統中所做的事，也是自然科學成果的訓練所不能做的事」。（羅蒂，1979，p.317）

羅蒂的「種族中心主義」與利奧塔的「局部決定論」觀點是很相近的。他們都反對基礎主義，都摒棄非歷史性超越時空具有普遍性的元敘事，而且他們都有一個共同的目的，就是批判科學作為文化中心，並重新反思科學的社會地位問題。但是利奧塔並沒有就局部決定論直接重新闡述真理、客觀性等問題，而是在對科學知識合法化歷史的回顧中，用局部決定論思想對元敘事進行批判，同時給出了當下科學知識的合法化問題的後現代主義的回答。利奧塔是在現實問題中，展現了他的後現代思想。羅蒂更主要的是在哲學史中，提出了自己的觀點，並在科學主義批判中豐富了其「種族中心主義」。

（二）種族中心主義的科學觀

羅蒂的種族中心主義科學觀是其種族中心主義的有機組成部分，或者說羅蒂在此具體化、豐富化了其種族中心主義。他在「種族中心主義」思維方式的基礎上，重新修訂了真理、合理性及客觀性等的含義，並重新確定他們的地位。並對科學在文化中的地位和科學家在社會中的作用重新給出了他自己的評價。

羅蒂在「種族中心主義」思維方式的基礎上，提出了自己的一系列與認識論話語如客觀性、科學、合理性和真理等相對立的種族

中心主義話語。首先，羅蒂修正了合理性的含義。他認為「這個詞指的是某種『清醒的』、『合情理的』東西而不是『有條理的』東西。它指的是一系列道德德性：容忍、尊敬別人的觀點、樂於傾聽、依賴於說服而不是壓服。……在這樣的意義上，合理性與其說是指『有條理』不如說是指『有教養』。」（羅蒂，1992，p.78）這種合理性的含義明顯地表達出了具有平等地位的人與人之間的溝通原則，而不是人要與非人的現實相一致所表達出的符合原則。這種合理性把人文科學容納了進來，同時取消了自然科學的中心地位。羅蒂沒有徹底否認合理性，他所批判的是與客觀真理、與實在相符合、與方法、與標準有關的合理性，然後在其種族中心主義語境下重新確定了其含義。在這種語境中，像「價值的客觀性」和「科學的合理性」等問題就變得不可理解。同樣「也沒有理由稱讚科學家比其他人更『客觀』或『邏輯性強』或『有條理』或『獻身於真理』」。（羅蒂，1992，p.85）在這種語境中，這些都是不合適宜的辭彙。

當羅蒂確定了他的種族中心主義原則之後，就真理、研究、進步、人類的生活目的等問題重新給出了他的種族中心主義答案。對真理的研究是實用主義的傳統之一。詹姆士認為「真理是對觀念而發生的。它之所以變為真。是被許多事件造成的。它的真實性實際上是個事件和過程。」（詹姆士，p.103）可見詹姆士用真理的發生學理論來反對理性主義者那靜止的、惰性的真理觀念。新實用主義者羅蒂則認為「對於實用主義者來說，真理的首要標準是其與一個人的其他信念的一致。我們的信念和願望形成了我們的真理標準。因為我們無法達到某個較高的『客觀』立場」。……真理是由自由研究獲得的意見（羅蒂，1992，序 p.3）。羅蒂與詹姆士的真理觀念都強調真理的發生，只不過詹姆士強調發生過程，而羅蒂強調真理的

發生場所即「我們」，同時給出了真理的發生條件「自由研究」。他所反對的是把真理看作是一個表示與超越的東西、非人類的東西的接觸，是對以追求真理為中心的西方文化傳統的批判。

羅蒂給出了種族中心主義的真理意義之後，研究、進步等等問題就都相對地確立了下來。真理是研究的目的，而當真理的含義發生變化時，研究的意義自然是要改變的，而與研究結果相關的進步問題當然需要重新考慮。真理曾是研究的唯一目的，詹姆士對理性主義真理觀的概括充分表現了這一點。他認為「理性主義者的偉大假設是；真理的意義主要是一個惰性的靜止的關係。當你得到了任何事物的真觀念，事情就算結束了。」（詹姆士，1943，p.102）

羅蒂從其種族中心主義的真理觀念中，得出了他對研究的認識，即「研究就是不斷地重織信念之網的問題，而不是把標準運用於實例的問題。……我們實用主義者不再認為，研究註定會聚合到單一一個點上，真理「存在在那裏」等待人類去發現它。（羅蒂，1992，p.84-86）同樣羅蒂認為「我們不能想像，有朝一日，人類可以安頓下來說，『好，既然我們已最後達到了真理，我們可以休息了。』」羅蒂非常同意費耶阿本德的說法，認為「我們應當放棄把研究及一般的人類活動看作是在聚合而不是在繁衍、是在走向越來越統一而不是越來越多樣的隱喻。相反，我們應該津津樂道於這樣的想法：科學和藝術將始終提供一個在不同的理論、運動、學派之間的激烈競爭的景觀。人類活動的目的不是休息，而是更豐富、更好的人類活動。我們應該認為，所謂人類的進步，就是使人類有可能做更多有趣的事情，變成更加有趣的人，而不是走向一個仿佛事先已為我們準備好的地方。」（羅蒂，1992，p.84）

　　羅蒂提出了協同性（Solidarity）概念，用以替代客觀性（Objectivity）。在種族中心主義的思維方式中，即在處理處於平等地位（此種平等意味大家都是可錯的普通人，而非超人的世界）的人之間觀念的取捨，依據的最大原則是達成「主體間的一致」，而且是非強制的一致，即協同性。羅蒂認為，「對實用主義來說，渴望客觀性並非渴望逃避社會本身的限制，而只不過是渴望得到盡可能充分的主體間的協洽一致，渴望盡可能地擴大『我們』的範圍。」（羅蒂，1983，p.410）

　　但是，羅蒂卻「非常稱讚科學家建立的並在其中工作的制度，並用它們作為文化其餘方面的樣板。因為這些制度使『非強制的一致』的觀念具體化、詳細化了。……而且成為樣板的唯一一種意義是，他是人類協同性的樣板構成各種科學共同體的制度和習慣正在就文化的其餘方面就如何組織自己提供建議。當我們說我們的立法『沒有代表性』或『被特殊利益支配』時，我們是在把這些文化領域與那些有較好秩序的領域相比較。自然科學在我們看來就是這樣的較好的領域。並不是說有什麼好的方法可以值得模仿，而是社會學家和文學批評家，在重要的工作上，在需要加以貫徹的工作上，所能達到的一致的數量比微生物學家所能達到的要少。」（羅蒂，1992，p.85-86）。可以說，羅蒂一直努力消除認識論思維中科學所處的中心地位。但是在對科學的建制上，在他的語境中，他仍然給予了科學一個處於榜樣的地位。

　　無獨有偶，利奧塔同樣也賦予了科學制度以特殊地位，他認為科學遊戲是一種較為公正的遊戲，科學語用學的方向「符合社會相互作用的演變……臨時契約都正在取代永久的制度。（利奧塔，1979，p.139）可見，他們批判的並不是科學本身，甚至也不反對科學對社會文化其他方面仍具有榜樣的作用。而是在更新他們頭腦中

的文化圖畫時，科學的形象也同時被更新了。在新的圖畫中，科學也許還是處在中心，但呈現的卻是科學不同的方面。

　　羅蒂在其種族中心主義圖畫中所刻畫的科學或科學家的形象如何呢？他認為在這種思維方式中關於科學「會更多地提到個別的、具體的成就範式，而更少的提到方法。對精確性的談論將減少，而對創造性的談論將增多」。無疑我們會認為這種觀點非常真實，但是當閱讀利奧塔關於科學知識通過性能、通過產生新思想達到合法化的論述時，會發現他們的觀點在對創造性的強調上是非常相似的。但是利奧塔無疑要深刻的多，他對創造性與經濟關係的理論闡述的非常清楚，給熊彼特的技術創新的這一經濟現象的發現提供了非常好的理論注釋，而他對由此引發的科學教育的論述也發人深省。但是海德格爾的一句話卻概括了這全部，在技術狂熱的時代，人類的創造性最後都變成了商業計劃。

　　羅蒂所描畫的偉大科學家的形象則是：「不是把事情搞清楚，而是使事情變新。一個科學家將依賴的，是同其專業的其餘方面的協同感，而不是把自己描述成為在理性之光指引下衝破幻覺屏障的形象」。同樣他認為「現在被稱為『科學家』的人不再把自己看作是屬於準牧師等級的一個成員，公眾也不會把自己看作是從屬於這一等級管轄的。」（羅蒂，1992，p.92）在羅蒂這裏，科學家作為與超人類世界、與絕對真理相溝通的神化形象徹底去除了，他們只是人群中富有創造力的一部分。種族中心主義的科學觀就是去掉了科學的神性，消除了科學在文化中居於中心的地位。自然科學、社會科學與人文科學一起共同編織著當下時空中的信念之網。

　　羅蒂關注的時空是當下的人群，沒有一個最終的目的。從這可以理解為什麼有的人認為羅蒂只是一名改良主義者，對他冠以後現

代主義者的名號似乎有些名不符實。或者像波林‧羅斯諾那樣認為他是一名肯定論的後現代主義者。（羅斯諾，1992）

三、「後哲學文化」還是後科學文化

　　我們習慣於在現代哲學的歷史中尋覓科學哲學起源的涓涓溪流如何彙聚成邏輯經驗主義的一場聲勢浩大的科學哲學運動。但是在另一種視角中，自從伽利略以來，隨著現代科學從哲學中分化出來，隨著科學佔據越來越多的領域，現代哲學就伴隨著科學一起在悄悄地起變化。現代科學為現代哲學提供了最重要的整合要素。現代哲學如果從笛卡爾開始算的話，就一直在以不同方式融合科學的因素，直至以科學精神為主導的實證主義，及形形色色的科學主義。因此可以說現代哲學本身的特點就是不斷地融進科學的東西，在此意義上現代文化是一種科學文化。

　　如果說邏輯實證主義是第一個科學哲學運動的話，那麼也可以說是以科學為特徵的現代哲學的終結，也是科學主義的峰頂，同時也是科學主義衰落的開始。探討科學哲學歷史的人習慣於在現代哲學中追根溯源，但換一個視角來看，卻可以發現正是自然科學一步步參與了現代哲學的建構，走上了科學主義的道路。邏輯實證主義是最後也是聲勢最浩大的科學主義運動。在此期間及以後就產生了各種科學主義批判與技術社會批判。羅蒂代表了與實用主義密切相關的英美傳統，他們與海德格爾、胡塞爾處於一個不同的時空境況中，可以說是第二代科學主義批判者。

　　如果以認識論作為哲學中心，而科學作為認識論中心來說，那麼羅蒂對以科學為中心的認識論哲學的批判，導致的是後哲學文化的話，那麼是否可以說，羅蒂的後哲學文化同時也是後科學文化呢？當關注「生活世界」成為哲學重心的時候，科學的研究也成為一種淡化哲學意味的綜合性研究。尤其是社會學視角的進入，70年代之後發展起來的科學知識社會學更表現了這種科學研究趨向，科學不再只是哲學或歷史的成分，更成為一種現象，已經沒有了科學主義色彩。這種研究的一個典型例證就是利奧塔對科學的研究成為一個典型的後現代模式。

　　羅蒂的後哲學只不過是拒絕某種哲學傳統，建立一種新的哲學，而並非沒有哲學，亦即用他的小寫哲學代替大寫的哲學。在他所拒絕的這種哲學傳統中，科學作為建立與某種非人類的東西聯繫的最優秀的門類，也在這個傳統中被一起拒絕掉了，在這個意義上後哲學文化還不如說是後科學文化。

　　但是另一方面，這還是一個科學技術的時代。伽達默爾認為自黑格爾的思辨物理學失敗以後，就進入了科學時代。因為科學與哲學之間的關係顛倒了過來，曾經由哲學占主導地位，變成科學占主導地位。但是，到了20世紀初葉，科學對哲學的這種主導地位就受到懷疑和批判，並產生了不依賴於此的哲學。不管是美國的實用主義還是胡塞爾的現象學都在尋找不受科學主導的哲學，更確切地說是不受自柏拉圖以來的「鏡式哲學」的思想引導。在現代社會中，科學承當了達到這種客觀真理的最有力工具，因此對這種認識的批判在某種程度上說是對現代科學的批判。所以儘管實用主義的確立在一定意義上也依賴於現代科學，但是它依賴的是現代科學中重視實踐經驗這一部分。而這種經驗方式是自古以來任何工匠與器物打

交道的基本方式。從這種意義來說，這是一個後科學的時代。不過，科學不會失掉作為哲學思想來源地這一傳統功能的，因為科學總會有出人意料的新思想產生。

利奧塔對科學知識通過性能達到合法化的論述就充分表明，科學通過產生新思想與經濟有著密切關係。而福柯則從科學的學科化開始，闡述科學與權力之間的不可分割的關係。科學在經濟和政治中起著巨大作用，雖然哲學與科學決裂了，但是仍舊可以說這是一個科學的時代。在這個意義上，也可以說是後哲學文化了。

在這種科學主義批判的大潮中，我們是否可以按羅蒂的思路，說這是一種後科學文化呢？或者說，在科學作為人文科學的榜樣遭到了各方面的批判後，科學在當下社會、文化中的狀況是什麼呢？利奧塔和羅蒂從不同角度作出了回答。

無論後哲學文化還是後科學文化，從廣義上講，這是一個人們對科學技術的反思日益強烈的時代，我們越來越瞭解到科學技術是無法解決道德和法律問題的，人類的生存與發展的根本解決不是科學和技術所能做到的。我們的希望是改善人的道德狀況，使得全部的人類更好地生活在這個越來越擁擠和貧乏的星球上。科學主義批判也許會使得我們能夠對科學技術的認識清醒一些，使得其他永在的一些文化能夠更好的發揮作用。文化是沒有高低貴賤的，科學也一樣，不同地域的文化也一樣。因此可以說，與其說是後哲學文化，不如說真正的哲學文化到來了，或者說是後科學文化。

第四章

「哲學解釋學」中的科學主義批判
——伽達默爾視野中的科學

一、伽達默爾與科學的不解之緣

在眾多著名的哲學家中，有些人的思想在其學術歷程的不同階段的變化是極大的，甚至其前期與後期大相逕庭，比如維特根斯坦，還有前面探討過的羅蒂和利奧塔都是如此。伽達默爾（Hans Georg Gadamer，1900-2002）在這一點上與他們很不同，他的學術思想在其哲學生涯中體現了較強的穩定性、一致性。哲學解釋學不但是他一生研究的重點，還貫穿了他哲學生涯的始終。人們對伽達默爾的研究也主要集中在這一方面。但是還有兩個不太引人注意的方面也伴隨了伽達默爾思想的一生，即對古希臘哲學的研究和對科學的反思與對科學主義的批判。後者就是我們在此論述的主題。

通常人們把伽達默爾的思想劃分為三個時期：以《真理與方法》一書的寫作與出版為分界線，1922～1949年是其學術思想的早期，被稱為前解釋學階段；1949～1960為中期，是哲學解釋學的創立階段；1960年以後為哲學解釋學思想的運用階段，或者說是實踐哲學

時期。伽達默爾對科學的反思與對科學主義的批判，在不同時期表現出不同特徵，也表現出了與哲學解釋學的不同關係。

　　實際上，從天性上來說，伽達默爾對自然科學持反感態度，對人文科學卻有莫大興趣。他在自述中寫到「我父親熱衷於研究自然……，還在我的童年時代，他就設法以種種方式使我對自然科學產生興趣，不過他也因徒勞無功而深感失望」。（Gadamer，1997，p.3）但是卻沒有想到，在伽達默爾的哲學生涯中自然科學卻成為了他進行人文思考不得不參照的對象。

　　他與科學的不解之緣的直觀表現是，各個時期所寫的關於科學技術的文章和著作。但促使他對科學長期關注的原因卻可能是，第一次世界大戰所導致的德國在精神上尚存的傳統遭到的毀壞和遺棄，「自由年代中那種驕傲的文化意識及其以科學為基礎的『進步信仰』也同樣遭此厄運」。（Gadamer，1997，p.1）信仰危機使得伽達默爾對現代社會、現代科學進行反思，並尋找新的出路。胡塞爾和海德格爾對伽達默爾來說起到了引領方向的作用，尤其是海德格爾幾乎可稱作是伽達默爾的導師。他不但把伽達默爾帶回到了西方哲學的源頭古希臘哲學，更使伽達默爾在這源頭活水中找到了走向哲學解釋學的道路。

　　在伽達默爾思想的前解釋學階段，他分別在 1947 年和 1948 年出版了《論科學的起源》和《論哲學的起源》兩部著作。這兩部書相似的書名和出版時間的接近，使人不由得會問：伽達默爾是否在思考科學與哲學的關係，尤其是在起源上科學與哲學有什麼關係？這與他後來創立哲學解釋學有沒有內在的聯繫？在其思想的解釋學創立階段，伽達默爾雖然沒有專門著作論述科學問題，但是在其代表作《真理與方法》一書中，到處是科學的影子。伽達默爾的科學

主義批判主要是在這部書的字裏行間中體現出來的，尤其是對科學方法論的批判。我們是否可以問，他對科學方法論的批判才引出了他的哲學解釋學？

　　而在其實踐哲學時期，伽達默爾撰寫了許多專門論述科學技術的文章，比如「科學和公眾」、「作為啟蒙之工具的科學」、「論科學中的哲學要素與哲學的科學特性」、「哲學還是科學論」等等。還有一些關於科學技術的討論散見於其他一些文章中，比如「黑格爾哲學及其影響」、「論實踐哲學的理想」等等。在此階段伽達默爾對科學做了多方面的思考，這是與他後期實踐哲學的特徵相符合的。他後期的實踐哲學主要是關注當下社會，其中科學技術是一個主要的被關注對象。那麼在這一時期，他對科學技術的關注到底是哪幾個方面的問題呢？以上所提出的問題正是本章所要探究的。

　　不過，我們發現在伽達默爾對科學的反思中有兩個問題是他始終關注的：一個是科學與哲學的關係問題；另一個是在科技時代人如何看待自己的存在這一問題。這兩個問題不但體現了伽達默爾對世界的終極關懷，而且具有當下文化轉型時期的時代特徵。這兩個問題同時也是一些後現代主義哲學家所普遍關注的。利奧塔、羅蒂和福柯這幾位背景十分不同的後現代主義理論家，雖然他們切入的角度不同，得出的結論也各有不同，但是他們都關注著這兩個問題。對科學的反思與對科學主義的批判不能不說是後現代主義理論的重要方面，同時也是具有時代特徵的主題。

二、科學主義──伽達默爾哲學解釋學的反襯

（一）為現代科學與哲學劃界──開始解釋學之路

伽達默爾前解釋學時期的研究，實際上一直在尋覓他的哲學發展方向。從他的自述中可以瞭解到，他對古希臘科學與現代科學進行對比研究的結果，以及復辟唯心主義浪漫派的失敗，構成了伽達默爾思想起步的解釋學境遇。

當伽達默爾研究古希臘哲學的時候，意識到其中存在的一些已經被埋沒的真理，如果發掘出來的話也可能至今仍戰無不勝。在現代社會中，精神的統治者主要是現代科學。現代科學被認為是真理的產生之所。伽達默爾深入研究了亞里士多德的物理學，同時研究了現代科學的誕生，特別是伽利略的思想。他認為古希臘科學史與現代科學史有著不同的標準。古希臘科學是把自己融合到哲學當中，通過哲學獲得解放。而現代科學史卻是與此相反的，作為一個明顯例證的就是黑格爾的「思辨物理學」的失敗，即把現代科學納入哲學統一性中的失敗。這表明現代科學與哲學是不相容的，現代科學是一種新的文明。其迅猛發展的結果是科學處於現代文化的中心。現代科學為現代哲學提供養料。雖然現代哲學曾被譽為科學的「女神」，但實際上是現代科學授予其這一地位的。現代哲學的實際處境是一種尷尬境地：她有女神之名，卻無女神之力，既無法指導現代科學，而又喪失了其原有的領域。伽達默爾發現現代科學與哲學就是這樣一種關係。他開始溯源至古希臘，去探尋那種超出科學方法論控制範圍的對真理的經驗。由此開始了他的哲學解釋學之路。

（二）科學主義批判與解釋學

　　伽達默爾的哲學解釋學不但建立了脫離方法論傳統的本體論解釋學，更使人文科學中的真理經驗獲得了合法性，並在這一過程中展開了獨具特色的科學主義批判。伽達默爾與羅蒂、利奧塔、福柯一樣對科學在現代文化的中心地位進行批判。但是他們各自的傳統和思想經歷的差異，展現了風格各異的科學主義批判景觀。伽達默爾的科學主義批判主要集中於對自然科學方法論的批判上。他與胡塞爾和海德格爾一樣，都是在對科學主義的批判中建立起自己的哲學。

　　伽達默爾在對科學主義批判的基礎上，提出了他的哲學問題，即「我們所探究的是人的世界經驗和生活實踐的問題。借用康德的話來說，我們是在探究：理解怎樣得以可能？這是一個先於主體性的一切理解行為的問題，也是一個先於理解科學的方法論及其規範和規則的問題」（伽達默爾，1992 年，序 p.6）。這一問題的提出，表明了伽達默爾對科學作為文化中心的批判，並就此展開自己的哲學解釋學。伽達默爾在闡述哲學解釋學的同時，從「自然科學模式的精神科學和古典解釋學」、「超越自然科學方法論的解釋學」和「作為理解的一種變體的自然科學認識方式」等方面，展開了科學主義批判，並重新描畫當下社會的文化景觀。伽達默爾寫到：「作為一門科學的形而上學的終結意味著什麼？形而上學終結於科學意味著什麼？當科學發展到全面技術統治，並因而導致「在的遺忘」的「世界黑暗時期」這種尼采曾預言的虛無主義時，難道我們要目送黃昏落日那最後的餘輝，而不欣然轉身去期望紅日重升的第一道朝霞嗎？」（伽達默爾，1992，序 p.16）

1. 自然科學模式的精神科學與古典解釋學批判

　　首先，伽達默爾探究了「精神科學」的歷史。他得出了「隨同19世紀精神科學實際發展而出現的精神科學，邏輯上的自我思考完全受自然科學的模式支配」（伽達默爾，1992，p.3）的結論。他考察了德文中的「精神科學」（Geistesqisswnschaften）一詞的來源。認為此詞最早是穆勒（John Stuart Mill，1806-1873）的道德科學（moral science）的德文翻譯，並成為一個通用的詞。而這個詞的原始出處標明瞭它的真正意義，即在穆勒的《邏輯學》中，精神科學的意義是：作為一切經驗科學基礎的歸納方法在精神科學這個領域內也是唯一有效的方法。道德科學也在於認識齊一性、規則性和規律性，從而有可能預期個別的現象和過程。這完全表現了某種關於人文與社會的自然科學方式的理想。

　　其次，伽達默爾分別對赫爾姆霍茨（H. L. F. von Helmholtz，1821-1894）和狄爾泰（Wilhelm Dilthey，1833-1911）關於精神科學的論述做了分析。伽達默爾認為，赫爾姆霍茨在1862年作的「論自然科學與整個科學的關係」的演講中，雖然對自然科學和精神科學的審察是較為公正的，但對精神科學的邏輯性質的描述仍然是歸納法，這樣一種基於自然科學方法論理想的消極描述。關於狄爾泰，伽達默爾指出了他在對精神科學的獨立性進行辯護中所受的自然科學模式的影響：一是他認為在狄爾泰心目中，要消除自我與歷史的聯繫，只有一定的距離方能使歷史成為研究對象；二是伽達默爾認為雖然狄爾泰提出了精神科學方法的獨立性，但是這種獨立性的原則卻是模仿自然科學的模式即只有按造自然法則才能控制自然。而且狄爾泰在精神科學方法論與自然科學程式之間發現了一種真正的

共同性,即對實驗的認識。狄爾泰認為實驗方法的本質是過濾掉觀察的主觀偶然性,由於憑藉了這種方法,自然規律性的知識才成為可能的。同樣,精神科學也努力從方法論上超越由於所接近的傳統而造成的自身的特殊時空立場的主觀偶然性,從而達到歷史認識的客觀性。(伽達默爾,1992,p.305)對客觀性的追求是狄爾泰為精神科學所建立的目標。

第三,伽達默爾回顧瞭解釋學的歷史,發現這是一個缺少歷史維度的解釋學史。狄爾泰所建立的整個人文科學的普遍方法論,雖然繼承了施萊爾馬赫那脫離了神學解釋和法學解釋的實踐技巧的一般解釋學理論,但是其目標還是在追求解釋效果的客觀性。雖然他們意識到了歷史的、經驗的因素,但這卻是他們努力要消除的,而不是要予以承認的。「受現代科學的客觀化方法所支配──這是 19世紀解釋學和歷史學的本質特徵。」(伽達默爾,1992,p.403)在那個時代,認識的自然科學模式被認為是任何思維方式的普遍模式。自然科學模式的本質在於,使用能夠排除掉歷史和時間因素的方法,達到不因時間而改變的確實結果,這一結果可以被認為是永遠確定的。其實,這一模式繼續了柏拉圖對穩定性、不變性的追求,對一勞永逸的解決問題這樣一種理想的追求,這種追求是人類自身心理需求的直接體現。費耶阿本德、羅蒂都直接批判了人類這種渴求的幼稚性,利奧塔是間接地通過描述了當下社會的無序與求新狀態,為這一渴望作了反證。羅蒂認為這是科學推翻宗教之後,人類獲得形而上學安慰的來源。費耶阿本德,直接指出了這一渴望的虛幻性,並指出人類生活的目的不再是追求那無法達到的一勞永逸的天堂,而是努力過得幸福、有趣。

　　伽達默爾對這種精神科學和人文科學方法論要依賴於自然科學的模式進行了嚴厲地批判。他認為：「如果我們是以對規律性不斷深化的認識為標準去衡量精神科學，那麼我們就不能正確地把握精神科學的本質。社會-歷史世界的經驗是不能通過自然科學的歸納程式而提升為科學的。」（伽達默爾，1992，p.10）伽達默爾還認為精神科學的傳統是屬於人文主義傳統的。人文主義傳統中的幾個主導概念如教化（Bildung）、共通感（Sensus Communis）、判斷力（Urteilskraft）和興趣（Geachmack）等使精神科學具有不同於自然科學的獨立性，同時也有不同於自然科學的真理，而這種真理並不是通過自然科學方法達到的。

　　伽達默爾具有這種認識是很容易理解的，因為他生活在對自然科學的客觀性批判的氛圍之中。胡塞爾和海德格爾已經對現代哲學發動了思想革命。但是固有的思維範式和習慣太強烈，使處於思想革命的暴風雨來臨之前的狄爾泰面對生命的思考仍舊表現了一種『對固定性的追求』。雖然狄爾泰能夠認識個人和一般生活經驗對精神科學知識所具有的重要性，但是在狄爾泰這裏，歷史經驗的歷史性並不起真正決定性的作用。（伽達默爾，1992，p.308）還在起著決定性作用的仍舊是認識論範式。伽達默爾從狄爾泰對人文科學和作為人文科學普遍方法論的解釋學中，看到了現代科學方法論思想的巨大影響力，並為自己確定了任務，即「一定要更正確地描述精神科學內存在的經驗以及精神科學所能達到的客觀性」。（伽達默爾，1992，p.312）這一任務由胡塞爾做出了歷史上的突破，充分表現在他的「生活世界」概念上。「他為了反對那種包括可被科學客觀化的宇宙的世界概念，有意識的地把這個現象學的世界概念稱之為『生活世界』，即這樣一個世界，我們在其中無憂無慮地自然處世。

這個世界比一切科學更原始。」（伽達默爾，1992，p.316）科學世界只是其中的一個特殊部分。

伽達默爾不但要批判自然科學對人文科學統治的非法性，還要確實地把人文科學從自然科學中解放出來，使其獲得其應有的獨立性和地位。並在《真理與方法》一書中展示了人文科學如何通過「非方法的大道達至真理」。（嚴平，1998，p.77）

2. 超越自然科學方法論的解釋學

首先，伽達默爾認為「解釋學問題從其歷史起源開始就超出了現代科學方法論概念所設置的界限」（伽達默爾，1992，序 p.17）。作為解釋學中關鍵環節的「理解」和「解釋」不僅是科學深為關切的事情，而且也顯然屬於人類的整個世界經驗。顯然，伽達默爾認為解釋學是更普遍的活動，理解活動不只是科學研究的必需，顯然還是人類其他一切活動的必需。

其次，伽達默爾認為解釋學本來就不是一個方法論問題。雖然在解釋學的歷史上，按編年順序，解釋學曾經是一般文獻學方法論，曾是人文科學的方法論基礎。（Palmer，1982，p.69）然而在海德格爾那裏就已經成為存在和理解存在的現象學。伽達默爾繼承了這種本體論的解釋學思想，並聲稱他所建立的哲學解釋學並非是解釋的技術方法，並對方法論展開批判，尤其對自然科學方法論展開批判。他認為「解釋學並不涉及那種使文本像所有其他經驗對象那樣承受科學探究的理解方法，而且一般來說，它根本就不是為了構造一種能滿足科學方法論理想的確切知識」。（伽達默爾，1992，序 p.17）伽達默爾還表明《真理與方法》一書探究的出發點在於「這樣一種對抗，即在現代科學範圍內抵制對科學方法的普遍要求」。所關注的

問題是,「在經驗所及並且可以追問其合法性的一切地方,去探尋那種超出科學方法論控制範圍的對真理的經驗。」(伽達默爾,1992,序 p.17-18)這實際上是表明了伽達默爾對科學作為文化中心地位的批判態度,對科學方法精神廣泛滲透到文化其他領域的批判立場。

伽達默爾作為活躍在二十世紀後半葉的德國哲學家,與法國思想家利奧塔、福柯及美國哲學家羅蒂從各自的角度和領域對 17 世紀開始逐漸形成的以科學作為文化中心,以受科學影響的認識論作為哲學中心的現代社會的反思,形成了後現代主義哲學領域中的科學主義批判景觀,而對科學主義的批判也成為後現代主義的一項重要特徵。因為對科學主義的批判實際上是對過去的幾個世紀對科學大加頌揚態度的反省,並在當下的社會狀況中重新思考人類的存在問題。

伽達默爾是在哲學解釋學的建立中,摧毀了在自然科學中發展起來並使之普遍化的,通過方法達到與實在相符合的真理觀。在伽達默爾的認識中,真理是以理解的方式存在著的此在的世界經驗,而非通過認識的方式達到的主體的客觀目標。海德格爾作為古希臘哲學專家,追溯了真理在早期希臘哲學家(前蘇格拉底哲學家)中的意義,即為去蔽、展現、揭示。伽達默爾繼承了海德格爾所揭示出的這種存在論真理的含義,即真理只能在「此在」(人)的世界經驗中顯現出來。意味著真理與方法在認識論中的密切關係在哲學解釋學的語境中無法繼續存在。從伽達默爾的哲學解釋學所看到的是,他要建立極力擺脫科學影響的哲學。在這一點上,伽達默爾與羅蒂有著莫大的相似性。利奧塔雖然沒有正面談當下社會中科學與哲學的關係,但是他卻認為科學知識的後現代合法化是由科學與經

濟的直接關聯給出的，科學與哲學沒有了那種密切的聯繫。科學與
哲學關係的轉變是後現代主義哲學的重要表徵之一。

　　第三，那麼這種超出科學方法論控制的對真理的經驗存在於哪
里呢？伽達默爾的答案是存在於哲學、藝術之中。他認為哲學與藝
術中的經驗是對科學意識的最嚴重的挑戰，要使科學意識承認其自
身的局限性。伽達默爾從這點出發開始去發展一種與整個解釋學經
驗相適應的認識和真理的觀念。而且他還認為「探討藝術真理的問
題尤其有助於這個廣泛展開的問題，因為藝術作品的經驗包含著理
解，本身表現了某種解釋學現象，而且這種現象確實不是在某種科
學方法論意義上的現象」。（伽達默爾，1960，p.129）伽達默爾在探
討「藝術作品的本體論及其詮釋學意義」時，就提出了一系列表明
他這種思想的問題。他問到；「在藝術中難道不應有認識嗎？在藝術
經驗中難道不存在某種確實是與科學的真理要求不同、但同樣確實
也不從屬於科學的真理要求的真理要求嗎？美學的任務難道不是在
於確立藝術經驗是一種獨特的認識方式，這種認識方式一方面確實
不同於提供給科學以最終資料、而科學則從這些資料出發建立對自
然的認識的感性認識，另一方面也確實不同於所有倫理方面的理性
認識，而且一般也不同於一切概念的認識，但它確實是一種傳導真
理的認識，難道不是這樣嗎？」（伽達默爾，1960，p.125）

3. 作為理解的一種變體的自然科學認識方式

　　伽達默爾從哲學解釋學的角度對自然科學的認識方式進行批
判，並給出了自然科學的認識方式在哲學解釋學中的定位。首先，
伽達默爾批判了「科學認識要求完全排除前見」的思想。這一思想
從笛卡爾的懷疑原則就已經開始了，到啟蒙運動時期就成為一種普

遍和徹底的傾向。伽達默爾對這種科學認識無前見思想的批判實際上是他的哲學解釋學的一個必然推論。在其哲學解釋學中，理解是一切解釋活動的基礎。而此種理解不屬於主體的行為方式，而是此在本身的存在方式。它標誌著此在有限而歷史的運動性，並包括此在的全部世界經驗。（伽達默爾，1992，序 p.6）前見則是理解的條件，不管前見是正確的還是錯誤的它都不可避免地存在著，是理解得以開始的必要條件和參照系。自然科學認識要求完全排除前見的理想是一種虛妄的無法企及的幻想。

　　伽達默爾繼續批判道：「人的任何有限的歷史性的努力決不能完全消除這種有限性的痕跡，甚至數學的歷史或自然科學的歷史也是人類精神史的一部分，並反映人類精神的命運。」（伽達默爾，1960，p.363）而在科學哲學中，針對科學觀察問題，美國哲學家漢森（N.R. Hanson）在 1958 年提出了觀察滲透理論的思想。他認為「看是一件滲透理論的事情。對 X 的觀察是由關於 X 的先行知識構成的，用以表達知識的語言和記號也對觀察產生影響」。（漢森，1983，p.22）這是一個典型的異曲同工的例子。

　　此外，伽達默爾還對啟蒙運動與新興自然科學的聯盟進行了批判。他認為對一切前見的根本貶斥，使新興自然科學的經驗熱情與啟蒙運動結合起來，並形成了普遍的和徹底的傾向。這種結合的成果，即「期待現代科學及其發展能給我們提供某種新道德學，這顯然是不可思議的」。（伽達默爾，1960，p.358）利奧塔、福柯和羅蒂都從不同角度對這一問題進行了批判，伽達默爾則從其解釋學出發，認為這種想法根本就是荒謬的。他認為無前見的自然科學不可能，更何談要從這無前見的科學中得出新道德學。

「自然科學的認識方式可以表現為理解的一種變體」。（伽達默爾，1960，p.333）這是伽達默爾在解釋學中給自然科學認識的定位。「理解」問題是伽達默爾哲學解釋學的核心問題。由於伽達默爾對這一問題的重新詮釋，使得自然科學認識方式由作為狄爾泰的人文科學方法論基礎，變為伽達默爾哲學解釋學的一個特例。對理解是人作為此在本身的存在方式的這樣一種認識，就把歷史維度納入理解活動之中，而且這是一個不可或缺的維度。實際上，揭示了人的存在的時間連續性。當下的存在是過去時間的積分，並指向未來。當自然科學的認識在經歷了很長的時間段之後，人們的理解還是相同，這時歷史對理解的影響可以忽略不計，就似乎成了「客觀」真理。因此可以說自然科學的認識方式是理解的特例，是哲學解釋學的一個變體。而受個人影響極強的藝術作品的理解則是這種解釋學理解中與自然科學一極相對的另外一極。伽達默爾在理解活動中把自然科學文本與藝術文本的理解統一了起來，達到了一種普遍性。

但是伽達默爾似乎對這種統一性並不太重視，他更加在意於揭示人文科學與藝術作品的解釋學特徵，他的目光更多的停留在自然科學文本與藝術或人文科學文本的區別上。他認為：「藝術作品中保留了個體的思想，這是一種不受存在制約的自由構造，這正是那種使詩意的文本區別於科學的文本的東西」。（伽達默爾，1960，p.243）他心目中的批判對象，即認識論哲學的思維方式與自然科學方法論，仍舊是 17 世紀笛卡爾創立的懷疑的方法論原則和培根的歸納法。

而在二十世紀，科學哲學也走過了與解釋學類似的進程。《真理與方法》出版之後的兩年，即 1962 年標誌著科學哲學的歷史學派轉向或者後現代轉向的庫恩的《科學革命的結構》一書出版了。此書

對歷史維度的重視使具有伽達默爾哲學解釋學特徵的科學解釋學具有可能性。伽達默爾在「自述」中就認為「『範式』對於方法研究的使用和解釋具有決定性，但它又不是方法研究的簡單結果」。（Gadamer，1997，p.28）並且與最近二、三十年發展起來的科學知識社會學（SSK），一起導致了一股質疑科學客觀性的潮流。像拉都爾（Bruno Latour）與烏爾加（Steve Woolgar）合作的《實驗室生活──科學事實的建構》就得出了科學知識是生產出來的結論。而英國的科學家兼科學哲學家約翰・齊曼就質問到「當科學家研究的直接目的就是賺錢或者滿足社會需要時，他們還能生產出客觀的知識嗎？科學正在失去其客觀性嗎？」（Ziman，1996，p.751）

在伽達默爾《真理與方法》一書中，到處都可以見到現代科學的影子。但是伽達默爾努力要做的卻是要從古希臘哲學源頭裏和海德格爾所開闢的存在論哲學道路上，消除現代科學的巨大陰影，並尋找更為基本的理解之路，而非認識之路。

三、科學技術時代中的科學反思

思考與寫作長達十年的思辨性巨著《真理與方法》問世之後，伽達默爾在與哈貝馬斯的辯論中，在亞里士多德實踐哲學思想的影響下，開始探討具體問題，進入了所謂的實踐哲學時期。

伽達默爾認為「今天，哲學的真正任務，不在於科學邏輯自我理解的完善性，而是要考慮科學對我們生活和生存所具有的實踐意義」。（Gadamer，1997，p.31）正是在這一思想指導下，伽達默爾圍繞科學進行了多方面研究，探討了科學與哲學、科學與公眾、科學

與啟蒙等多方面問題。雖然他是一位人文哲學家，但是在他對科學技術的反思中，我們看到了他的研究與當下對科學的研究領域中非常相似的一面。當下對科學的研究領域似乎表現出在科學哲學、科學史和科學社會學各領域中有著越來越相互融合的趨勢。科學史越來越注重外史的研究，即科學社會學史的研究；而科學知識社會學對認識論方面的強調，似乎使它更像哲學而非社會學。以至於以科學為主要對象的研究，似乎只能用一個籠統的名稱來概括：即對科學的研究。伽達默爾對科學的反思就具有這種特徵。

（一）科學與技術：啟蒙與統治

伽達默爾與利奧塔和福柯似乎對科學與啟蒙都特別關心。然而，伽達默爾作為古希臘哲學專家，非常熟悉古希臘科學史。這種知識背景，也許使得伽達默爾所做的科學與啟蒙問題研究頗具獨見。

伽達默爾接受了康德「敢於使用你的理智」這一對啟蒙的界定，並給出了自己的注解：「啟蒙就在於有勇氣具有怪僻的思想，敢於超越一切占統治地位的偏見」。（伽達默爾，1983，p.85）他認識到啟蒙是一種思維方式，並根據這一見解總結出了歷史上的三次「啟蒙運動」，而且認為科學始終是啟蒙的啟動器。伽達默爾認為第一次啟蒙發生在古希臘時期，開始於泰勒斯一直到柏拉圖和亞里士多德（Gadamer，1970，p.307）。那時，荷馬那種神話式、史詩式的世界圖景正被新的以數學為主的科學以純粹理智的方式代替。作為理性神學的形而上學是這次啟蒙的重要結果，並為接受基督教做好了準備，同時把這一思想傳遞到現代科學之中，形成了對絕對理性和客觀真理的追求。後者就是今天後現代主義者所要批判的。

　　第二次啟蒙，伽達默爾認為是從伽利略開始的，而不僅僅是通常意義上的 18 世紀的法國啟蒙運動。這一次啟蒙繼承了第一次啟蒙中所奠定的思想，即「科學的重要性並不在於能帶來其他利益，而僅僅因為科學是美的」。（伽達默爾，1983，p.87）在現代科學的早期，科學似乎更主要是有錢有閒階級的業餘愛好。到 18 世紀產生了科學的組織形式，伽達默爾認為「這種形式構成了科學的公眾意識，正是通過這種意識，啟蒙才成為社會的因素」。（伽達默爾，1983，p.90）這次啟蒙完全是以經驗和事實為基礎的新科學為前提的，同時科學也因啟蒙運動而具有了價值意義，他以不同於宗教的方式同健康和幸福聯繫在了一起。同時啟蒙運動也為科學神化、科學主義的出現推波助瀾。

　　第三次啟蒙，伽達默爾認為是從二十世紀 50 年代開始的，仍舊是科學預告了啟蒙。「科學越來越清楚的告述我們：我們生活於其中的世界所具備的可能性是有界限的。如果世界按現狀繼續發展，這個世界就會完蛋。」（伽達默爾，1983，p.96）這迫使我們不得不反思當下的社會狀況：科學技術的加速前進使得當下的時代變成了信仰科學技術的時代。科學技術從根本上改變了一切自然關係；它通過專家團體對社會進行統治；它通過世界經濟而成為全球工業化的後臺；它支持電子戰。（伽達默爾，1983，p.89）世界變得越來越世俗化之後，人們的自我意識就越來越單一地建立在行動和能力的基礎之上。就像利奧塔指出的那樣，學校培養的是在市場上帶來更高工資的專業資格，而不是思考民族解放的精英。

　　伽達默爾根據康德關於啟蒙的另一個定義「啟蒙是人從自己造成的不成熟狀況中走出來的」，進而思考這次啟蒙的不成熟狀況是什麼？伽達默爾給出的回答是「當今工業化社會中極其盲目的對自動

化的信仰以及價格對社會的統治」。（伽達默爾，1983，p.95）並追問形成這種不成熟狀況的原因和解決之道，他的答案仍舊是通過對科學史的反思得出來的。追求無限可能性的機械學模式造成了這種不成熟狀況，而解決之道則來自生態學模式和控制論原則。這種模式和原則提出了對行動能力進行批判和反思的任務。問題不在於能做什麼，而在於要做的不至於破壞存在著的事物。這是一種思想意識的改變，是全人類都需要真正掌握的意識，或者說這是需要達成的共識。

　　產生這種意識是一方面，而這種意識是否行得通是另一方面。伽達默爾最後提出了影響執行的三點疑慮：一，在發展中國家裏這種意識能否行得通；是否還要走先發展，後治理的道路；二，達成這種共識的速度是否快得過破壞的速度；第三也是最嚴重的疑慮，即仍舊是技術統治的時代，技術文明倡導的是柔順性和適應性。然而，我認為技術最大的推動力是民族國家對經濟、軍事發展的需要，其根本特性是擴張，與控制論的克己原則正好相抵觸。但是有一點欣慰的是，在世紀末，也是伽達默爾近百歲的時候，生態模式的思維在世界上越來越達成共識，雖然道路仍舊漫長。

　　伽達默爾以康德關於啟蒙的認識為指導，回顧了人類社會發展進程與科學的相互作用關係。他提出的第三次啟蒙中對機械模式的批判與對生態學模式的倡導，幾乎就是另一版本的後現代主義。由此人們會問：後現代主義是新的啟蒙嗎？伽達默爾沒有為這一新的啟蒙命名，但是後現代主義名下的一些特徵卻與之非常相似。不過後現代主義思想真的是新的啟蒙還是再一輪的反叛，也許二者都有，這只能仁者見仁智者見智了。

（二）哲學與科學關係的辨證之路

利奧塔是在回顧科學知識合法化的歷史中，從側面觸及到這個問題；福柯只是明確地指出了科學與哲學關係中的一個重要的轉折即哲學與科學相分離的時期：18 世紀，科學的學科化時期；伽達默爾則專門探討了哲學與科學關係的歷史。這一問題實際上是伴隨伽達默爾思想的始終，同時也是他的哲學解釋學建構的參照系。但是，他一直沒有系統的梳理這一問題，直到 1976 年以後，他分別在「論科學中的哲學要素與哲學的科學特性」和「哲學還是科學論」兩篇文章中系統闡述了他對這一問題的思考。

伽達默爾把哲學與科學關係問題的思考範圍，限定在 17 世紀以降的這一段時間，因為這時開始，哲學處在了一種變化了的情勢中。同時歷史也因為出現了一種新科學和新的方法觀念進入了現代。這種科學和方法的新觀念，最初由伽利略在局部的研究領域中形成，哲學上由笛卡爾首次奠定。面對科學，哲學開始以過去從未有過的方式，為自己的合法性尋找證明。（伽達默爾，1981，p.5）

伽達默爾對現代哲學做了進一步分析。他以黑格爾和謝林為分界線，認為在黑格爾以前，哲學努力把科學統一到體系之中，屬於體系哲學時期。伽達默爾認為從 17 世紀直到黑格爾和謝林去世的整整兩個世紀中，哲學實際上是在對科學的自衛中被構建的。上兩個世紀的體系大廈則表現為調和形而上學傳統與現代科學精神的一系列努力。（伽達默爾，1981，p.5-6）黑格爾的體系是把自然哲學與精神哲學結合在「實在哲學」的統一體中，謝林則是完成了他的唯心論的物理學證明。伽達默爾認為黑格爾和謝林都為此付出了荒唐的代價，這個代價在於對那種關於事物的理性洞察之本質多樣性的

拒斥。這種拒斥更多地出現在自然科學那裏。（伽達默爾，1981，p.12）

形而上學傳統是古希臘的哲學傳統。在這種傳統中以概括了一切理論科學的哲學為第一位，柏拉圖的理想國中以哲學為王就充分表現了這一傳統。而培根以科學家為新大西島的國王，是否暗示了將來科學可能取代哲學的首要地位。實際上，到實證主義時期，科學的中心地位就已經確立了。但是，在這之前哲學佔據著首要地位，哲學的這種首要地位，由自我意識贏得的。自我意識的中心地位，基本上是通過德國唯心論及其嚴格根據自我意識在其整體中構建真理的要求確立的，它的方法是將笛卡爾對思維實體及其對於確實性的首要地位的說明作為構建真理的首要前提。（伽達默爾，1981，p.12）伽達默爾與利奧塔的角度正好相對，利奧塔的角度是通過德國思辨唯心主義把現代科學納入哲學體系之中而獲得合法化，來表明哲學處於中心地位。

隨著黑格爾去世，體系哲學的失敗，哲學與科學的關係發生了轉化。進入了以科學模式為樣板的孔德以來的實證主義時代。用科學的模式要求哲學，用伽達默爾的話說就是「企圖用一種對哲學的科學特性的純學術的嚴肅態度，把自己挽救到堅實的土地上。」結果卻是「哲學因而就進入了歷史循環論的泥潭，或者擱淺在認識論的淺灘上，或者徘徊在邏輯學的死水中」。（伽達默爾，1981，p.6）

伽達默爾認為雖然思辨的統一體系失敗了，但這也可以表明科學研究是一種具體性、特殊性的事物，而這也就是科學的範圍和局限。這種局限和範圍的表現之一，伽達默爾認為就在於「對於沉澱在語言中的我們的生活世界的理解，不能通過那種適宜於科學的知識可能性完全實現。現代科學所承擔的工作，僅僅表現了一種特殊

的展開與掌握的領域。」（伽達默爾，1981，p.13）經驗科學的真正標準只是經驗材料本身，而非符合哲學的統一性。雖然如此，伽達默爾仍舊認為理性對統一的迫切要求依然是堅持不懈的。而且「科學所提供給我們以測度通向世界的每一途徑和探索世界的各個範圍的每一種事物，都屬於這種理性的迫切要求」。（伽達默爾，1981，p.17）利奧塔與伽達默爾的觀點正相反，後者認為現在是越來越不相信體系的時代，越來越沒有統一性。

伽達默爾與利奧塔有一點非常相似，那就是他們都從自然科學中吸取哲學要素，並認為自然科學不同時期的主要模式對哲學對世界觀的影響非常大。伽達默爾沒有像利奧塔那樣用單獨的一章來專門說明不同時期的科學模式對不同時期思想的影響。利奧塔專門強調當下的許多自然科學的研究結果與後現代的思想是符合一致的，或者說自然科學的研究結果推動了後現代思想。而這也是當今某些科學家對後現代主義者批判的地方，認為他們不懂科學，隨意猜測。但是，從伽達默爾的言辭中可以看出，從自然科學中得出哲學思想是理所當然的。其實，從自然科學中吸取哲學思想在歷史上曾經是非常自然而普遍的。在現代的開始時期，伽利略、牛頓等現代認為是著名科學家的人物，當時卻認為自己是自然哲學家，當時科學與哲學還是融為一體的，與哲學有著明晰界線的科學觀念還未產生，人們只是認為哲學發生變化了。

無獨有偶，伽達默爾從自然科學中吸取的哲學要素，也是利奧塔討論的重點：即對以牛頓物理學為基礎的機械模式的批判。伽達默爾認為黑格爾和謝林時代的以牛頓物理學為牢固基礎的機械模式，在其所形成的普遍的技術觀點中，存在著某種同哲學的首要地位的符合一致的狀況。當然，機械模式早已經由於自然科學的迅速

發展所突破了，人們關注的是新的自然科學研究成果中所預示的新的哲學思想。伽達默爾認為客觀性概念是與可測性觀念緊密聯繫的。但是，這一觀念，在最近以來的物理學中，已經經歷了深刻的變化，這變化中的意義更引人思考，有助於形成新的自我意識。伽達默爾認為「這種新的自我意識與力學和動力機械形成鮮明對比。其特徵是自我調節類型的，不能按照機械控制的方式設想它。而要按照以調節的循環組織起來的生命這種方式設想它。」（伽達默爾，1983，p.12）伽達默爾認為，人通過機械介入的直接性，已經被較為間接的指導形式、均衡形式、組織形式等等所減弱。但是，我們越來越多的生活領域，落入了自律過程的強制性結構，而人性對自己以及對處在這些精神的對象化中的人性的精神越來越缺乏認識。（伽達默爾，1983，p.13）。

伽達默爾認為自實證主義以後，形而上學被科學趕出了理論殿堂，實證主義成為了普遍的哲學理論，科學精神成為哲學標準，科學成為了文化中心，產生了科學主義。具有諷刺意味的是，科學在主導哲學的同時，哲學領域中也開始了科學主義批判，而不再以科學為參照的存在論哲學也在孕育誕生。甚至這一哲學要把科學統一、涵括在其中。對科學主義的批判，發展與科學相脫離的哲學，科學本身的發展，及 20 世紀政治、社會的巨大變動，從思想上、實踐上都預示了一個新階段的來臨，不管人們叫它是後現代，還是伽達默爾所認為的這是第三次啟蒙。

胡塞爾的超驗現象學是努力擺脫科學影響，重新自我建構的哲學，這在哲學史上是一次重大轉折。現象學不但著手於闡明那些一向先於科學方法論的有關世界自然經驗的構造性概念，而且海德格爾還從本體論上修正了認識論中關於科學客觀性的理解。即，科學

客觀性不再是科學理論通過科學方法達到與事實的符合，而是可以從本體論上理解為人的此在派生的一種模式和它同世界發生關聯的存在方式。庫恩的「範式」概念無疑就是這樣一種含義的客觀性。庫恩對科學革命結構的理解是一種哲學解釋學意義上的理解，而非認識論思維方式的理解，就此意義來說庫恩是一位後現代主義科學哲學家。伽達默爾無疑更是強調自然科學是解釋學中的一種特殊情況，即在較小的尺度上，時間影響可以忽略，似乎表現了較強的客觀性，而在大尺度上如範式革命的尺度，就是時間和環境因素的累積效應的結果。

　　但是，伽達默爾仍然認為自然科學不是哲學，不具有反思功能，儘管哲學必須避免以指導和調整方式干預科學的工作，但是哲學還是要對由科學鑄成的生活作出某種估量。「科學對哲學的獨立性，同時意味著科學的非責任性。是指它沒有能力和缺乏任何明白的需要，來估量它自己在人類生存整體內、特別是在它運用於自然和社會方面意味著什麼。」（伽達默爾，1983，p.143）

　　伽達默爾認為科學與哲學之間的關係是辨證的，各自處於一極，而不能夠進行粉飾調和。科學與哲學的關係，從德國唯心主義哲學把科學納入其體系中，以哲學為首要地位，到哲學向科學一方徹底傾倒，形成科學主義，再到脫離科學的現象學或存在論哲學；而科學則以指數倍率增長為一個巨人，至此科學與哲學各自有了較為清晰的領域，不會再有「思辨物理學」的事情。或者說哲學在與科學的不斷交鋒中，認清了自己的狀況。但並不是說，哲學至此就與科學無關了，這是不可能的。哲學家除了繼續思考自然科學中的哲學問題之外，更主要的是，對包括科學技術在內的「生活世界」

的思考，這是關於人的存在的古老而長新的問題。海德格爾、後期伽達默爾都是在這個意義上反思科學、技術。

除了以上兩個方面的問題以外，後期伽達默爾還關注科學與公眾的問題，在此問題上他著重於科學研究計劃對於申請資金的必要性和理論研究需要游離於狹窄目標的自由探索之間的矛盾。並強調理論行為是人類行為的基本形式，而遊離於目標的美是一種合法化的、不需要證明的人類自我實現。（Gadamer，1981，p.167-169）

在伽達默爾的實踐哲學時期，對科學的反思是他關心的一個重點。他對科學與哲學關係的思考，從某種角度來說，也是在描述哲學的歷史，或者說是科學的發展史。在科學史、或者哲學史的研究中，人們習慣於按照當下科學與哲學分離的狀況進行研究，即研究科學史則只見到了作為科學家的笛卡爾、牛頓，而忘了他們還是哲學家，或研究哲學史又忘了他們還是出色的科學家。伽達默爾對科學與哲學關係的研究，有助於突破現有的科學哲學視角，而能夠在西方哲學的視野中，認識科學，認識科學與文化的種種關係。伽達默爾關於啟蒙的論述，尤其是關於第三次啟蒙的論述充分表現了他對當下社會的關注，更充分的表現了對科學的反思、批判，以及從科學思想所獲得的啟迪。這樣用科學的矛攻科學的盾這一看似矛盾的關係，實際上，這表現出來的是科學功能的豐富性。有的思想適合於技術轉化產生新的市場，有的卻能夠為理解我們的世界提供新的說明。不管怎樣思想是一切文化的生命，他們之間是可以互相借鑒的，只不過借鑒的適當與否。

伽達默爾在古希臘哲人那裏找到了共通感，而不是判斷他們的對錯，同時沿著海德格爾開拓出來的道路，一邊分析批判科學主義一邊建構自己的哲學解釋學。而在理論構建完成之後，與其他哲學

家一樣關懷起人類的生存、幸福問題，這一時期對待科學的態度不再是哲學解釋學時期的嚴厲批判，而更多的是關注。

結語

重構科學觀念之網

　　利奧塔、福柯、羅蒂與伽達默爾等著名的後現代主義人文學者，在他們的研究中以不同程度、從不同角度對科學文化進行了反思。在他們的視野中形成了具有後現代主義特徵的科學形象和科學與人文的不同關係，他們編織了新的歷史時期的信念之網。

一、科學形象的重塑

　　利奧塔、福柯、羅蒂和伽達默爾分別在自己的研究體系中對科學進行了反思。他們雖然均被稱為後現代主義者，但是他們的研究卻有著非常強的個性特徵。利奧塔是一位實踐哲學家，他的研究是面對現實而具體的社會狀態，而非從構建理論開始。他對科學的研究主要就是在研究 20 世紀 70 年代最發達國家的社會狀態中進行的。福柯對科學的研究則是在研究「不成熟科學」的歷史中進行的，其選題的大膽、創新與獨特，其獨有的具有厚重歷史感的哲學，所得出的結論也與其選題一樣令人震驚而深刻。羅蒂與伽達默爾分別從自己的視角對現代哲學從理論上進行反思與批判，而科學主義批判是他們哲學的一個重要組成部分。

　　利奧塔等人從不同角度對科學的研究，使得科學呈現出了不同的形象。

　　利奧塔通過對後現代科學知識本身的研究，得出了他視野中的科學新形象。這種形象與現代科學知識所體現的科學形象非常不同。現代科學的形象是通過哥白尼的日心說到 19 世紀末的經典物理學等具有確定性和決定論思維的科學知識所滲透出來的意象形成的。現代科學的形象告訴人們掌握這些知識就可以非常有把握的去解決問題。牛頓所給出的自然法則，拉普拉斯要講訴的都是這樣一種確定性。這種確定性給人以勇氣和光明的力量。但是利奧塔認為 20 世紀中後期出現的後現代科學知識講述的是未知，即告訴人們在某些問題上比如在社會領域、在經濟領域或者在某個人成長的歷史中，那些無法預測和控制的隨機因素與非線性和正回饋機制一起，導致了結果的不可預測性和不可確定性。利奧塔還告訴人們，現代科學所追求的決定論不過是非決定論海洋中的一些島嶼。現代科學講述的什麼是可能，而後現代科學講述的是什麼是不可能的，它給出了人們有關可能的界限。科學的形象由現代科學所呈現出的手舉利刃勇往直前帶領人們前進的勇士形象，變成了後現代科學所描畫出的一位「在鬍子下暗自微笑」的智者形象，它告訴人們現實主義的嚴酷和樸實。（利奧塔，1979，p.86）

　　福柯沒有像利奧塔那樣關注前沿科學，也沒有像大多數科學史家那樣關注偉大的科學家，而是默默凝視著那些塵封已久的不同時期的普通科學著作。在這些不同年代的科學著作中，他所看到的就像不同化石地層在地質考古工作者面前所呈現出的那種景象，它們的基本樣式非常不同，層與層之間出現了明顯的轉折。福柯通過《臨床醫學的誕生》、《詞與物》等著作表達了他視野中的科學形象，不

同時期的科學就像不同時期的地層，彼此之間並不是連續的，而是有著明顯的斷裂。科學知識的倒金字塔，在福柯視野中出現了層層的裂縫甚至錯位。

羅蒂在其種族中心主義圖畫中所刻畫的科學或科學家的形象如何呢？他認為在「種族中心主義」的思維方式中，關於科學「會更多地提到個別的、具體的成就範式，而更少的提到方法。對精確性的談論將減少，而對創造性的談論將增多」。羅蒂所描畫的偉大科學家的形象則是：「不是把事情搞清楚，而是使事情變新。一個科學家將依賴的，是同其專業的其餘方面的協同感，而不是把自己描述成為在理性之光指引下衝破幻覺屏障的形象」。同樣他認為「現在被稱為『科學家』的人不再把自己看作是屬於準牧師等級的一個成員，公眾也不會把自己看作是從屬於這一等級管轄的。」（羅蒂，1992，p.92）在羅蒂這裏，科學家作為與超人類世界、與絕對真理相溝通的神化形象徹底去除了，他們只是人群中富有創造力的一部分。種族中心主義的科學觀就是去掉了科學的神性，消除了科學在文化中居於中心的地位。自然科學、社會科學與人文科學一起共同編織著當下時空中的信念之網。

伽達默爾視野中的科學形象來自於兩個方面。第一個方面是在對科學主義批判與哲學解釋學的建構中形成的。在伽達默爾的哲學解釋學中，科學世界不過是生活世界的一個特殊部分，就像牛頓體系是愛因斯坦體系的一個特例一樣。科學與藝術是以不同風格來描述不同領域的經驗，其中能夠達成共識的經驗就是真理。第二個方面，伽達默爾在 20 世紀新產生的科學知識中得出了與牛頓機械力學所描畫的完全不同的科學形象。在伽達默爾這裏，他認為 20 世紀具有代表性的科學是控制論和生態學等，控制論提出的是一種克己原

則，生態學提出了友好而和諧的原則。這種知識描畫出的科學形象就是利奧塔勾畫的那種樸實的智者形象。

綜觀來看，在後現代人文學者的視野中，科學文化與同時代的人文文化一起在共同編織著具有時代特徵的信念之網。不同時代的信念之網的圖案是非常不一樣的，它們之間有著突然的轉折和斷裂。這種轉折和斷裂，在科學上的表現就是以牛頓為代表的決定論信念被以「後現代科學」為代表的非決定論信念所代替。而在當下時代科學信念之網的編織中，其中的一個內容就是科學形象的改變，從機械論時期按線性規律大踏步前進的勇士形象，變成了嚴酷而樸實的智者形象。

二、科學觀念的轉變

科學形象的變化是科學觀念變化的外部表象。在科學這一智者形象背後，有一些重要觀念發生了變化。

科學文化與任何其他文化一樣首先表達的是對這個世界的認識和理解，不同領域的認識共同形成了我們的信念之網。科學知識主要表現在對自然界的認識和理解上。這方面的認識隨著科學知識內容的更新而不斷更新。這種對自然界的理解和更新又會很自然的引申到人文領域，比如對人生、對社會的重新理解。例如在達爾文的生物進化論基礎上，產生了社會達爾文主義即社會進化論的思想。進化論的信念從自然界進入到人類社會的過程，就是信念之網的更新過程。後現代科學知識在人文社會領域的反映也是這樣一種信念之網的重建過程，即一些基本觀念發生了根本的改變。

（一）狡詐的大自然

　　利奧塔認為這些新出現的後現代科學知識本身講述了一種新的自然觀念和知識觀念。這種從後現代科學中得出的新自然觀念，完全不同於古希臘人認為的那樣：自然是一個活的有機體，更不像近代科學建立之初的自然哲學家認為的那樣：宇宙是一架大機器，也與現代科學廣泛展開之後形成的自然界模糊著進步、演化、發展著的決定論的宏觀觀念不那麼一致。而是從微觀、局部的層面觀察複雜的自然界，認為自然界是一個「狡詐的對手」，它不但擲骰子，而且也在玩橋牌。（利奧塔，1979，p.121-122）自然界中的理性和秩序、確定性和決定性只是局部的狀況，有如海洋中的島嶼，更廣泛而普遍的是機會、偶然性以及並非有意安排的「計謀」。

（二）知識：不知為知

　　利奧塔認為隨著後現代科學的出現，知識的觀念也發生了變化。像拉普拉斯所認為的那樣已知某一時刻的宇宙參數，完全可以按照可預測連續軌跡求出未來任一時刻的宇宙狀態的關於確定性和決定論的知識觀念已經極大程度的被後現代科學動搖了。後現代科學展現的是這樣的知識形態。其一，初始狀態的確定原則上可行但是實施起來卻無法勝任。其二，初始參數雖然已知，但是在過程中存在著隨機因素，而這種因素可能會因為回饋或者非線性機制導致的最終結果是無法預測到的。這種知識告訴我們的是什麼是不可實施的，什麼是無法知道的。這種知識就是一種具有自知之明的知識，它指出了人類使用知識的邊界條件，在什麼情況下可為，什麼情況下不可為，這就是後現代科學所形成的新的知識觀念：不知為知。

（三）沒有先驗目的的科學

　　另外一方面，利奧塔認為沒有哪一個時期的科學知識能夠比後現代科學更能反映出科學研究遊戲本身的特性，或者說後現代科學本身體現出了不再強調實證性或者實用性的新科學精神。後現代科學本身是一種關於不連續性、不可精確性、突變和悖論的理論。而科學研究本身就是這樣一種特性，科學的發展是以範式的方式革命性發展的，最大的特性是不可通約性。翻譯成後現代科學的語言就是不連續性、突變性，甚至是誤構和差異的模式。

　　利奧塔從這些後現代科學知識中領悟到先驗目的性的科學已經成為過去，一勞永逸的知識是不可能的，學者的陳述永遠不可能窮盡自然所說。後現代科學知識相對於愛因斯坦的理論或者牛頓的理論來說，又是一次科學革命。在這次革命中產生的新思想相對於傳統知識來說是一種悖謬，一種修正或者打擊。利奧塔把後現代科學納入到他的研究遊戲當中，即後現代科學知識也不過是一些科學家發出的新鮮陳述。在這裏他借助於庫恩的科學革命與常規科學思想，給新思想的打擊力度作出了劃分，某些新思想是在遊戲規則之內出牌的，也就是在達成的科學共識當中產生的新思想，打擊力比較弱；而有一些新思想是要改變遊戲規則打破共識的，比如後現代科學就是這一類新思想，這種打擊力將是非常強烈的，可以刮起知識界的風暴。

　　科學的根本任務就是產生新的思想。而新思想的生命和有效範圍可能是短暫的或狹小的。這一觀念僅僅只有幾十年的歷史。具有悠久歷史的觀念是有一個唯一的永恆的理論統括宇宙，一個複雜的宇宙期望著可以用一個簡單的數學公式描述出來，愛因斯坦畢生追

求的統一場理論就是這種觀念的注釋。畢達哥拉斯的幽靈仍舊徘徊在 2000 多年後的時空中。

利奧塔在後現代科學所產生的新自然觀、新知識觀中完全確立了科學研究遊戲的性質。即科學研究遊戲是在科學家與自然界之間進行的，同時也是在眾多的科學家之間所進行的。當利奧塔把著眼點放在科學家即發話者身上時，他認為科學研究遊戲是一個開放的系統，在這個系統中目的是產生與眾不同、與過去不同的新思想。發話者和受話者都有同樣發話的權力。陳述被接受的唯一評價標準是陳述和證據的真實性。在研究遊戲當中有共識存在，但僅僅是暫態的狀態，研究遊戲的唯一目的仍舊是提出新的思想。在這裏所達成的短暫共識不過是一種臨時契約，當另一打擊更大的新思想出現的時候，共識就被打破了，即科學的危機與革命。

（四）科學知識產生機制的反思

知識是如何產生的？知識是可靠的嗎？福柯、利奧塔、羅蒂與伽達默爾都從不同角度思考並試圖回答這個問題。他們的回答也成為後現代科學哲學信念之網的重要組成。利奧塔從後現代科學知識內容出發，羅蒂與伽達默爾從對認識論的批判出發，福柯是從他自己所發展起來的對不成熟科學的研究出發，得出了對這一問題的回答。

知識作為被普遍認為是一種正確的認識來說，它的產生有兩個階段。第一個階段是某種認識在某個人的大腦中形成，比如牛頓悟出了萬有引力的思想；第二個階段是這樣一種認識傳播開去，被大多數人所接受，人們都認為這是一種正確的認識，即成為知識。認識論問題通常探討的是知識產生的第一個階段，現代性的科學哲學

探討的也是怎樣找到一個客觀方法可以獲得科學知識，大多數的科學史記載的就是那些重要的知識是如何從科學家頭腦中產生的。羅蒂與伽達默爾正是在第一個階段上批判知識產生的現代性觀念。福柯與眾不同的是，他從知識產生的第二個階段來探討知識產生的機制問題。即一種認識是如何得到傳播並被大多數人所接受，進而被認為是真理的。福柯正是在考察這種機制過程中發現了知識與權力的關係。

　　雖然 18 世紀在科學史上不如其前的 17 世紀和其後的 19 世紀那樣成果璀璨，但福柯認為 18 世紀卻是真正現代意義上的科學建立的世紀。這種現代性不表現在科學知識內容上，而表現在科學知識的產生機制上。這種機制是現代科學在 18 世紀作為現代教育的主要內容進入大學，在課堂上傳授。科學知識代替神學作為主流文化，在此得到傳播和確認，成為新的真理。科學知識進入大學，實際上形成了挑選知識的新的標準，那些非科學、偽科學的知識受到排斥。福柯對於科學得出了另外一種認識即「科學是我們文化中一部分的事實和限制」。（福柯，1976b，p.172）18 世紀就是科學知識紀律化的世紀，對知識內容進行規範化、同質化和等級化的處理，科學知識成為了一種集中的權力。大學是這種集中權力的產生地，而大學的創辦，尤其是那些主要講授科學知識的新興學校的創辦是國家行為或者說是政府行為，科學知識因此與社會和政治聯繫在一起。

　　科學家的地位也發生了巨大變化，即科學家不再是業餘學者，他們進入官方主辦的機構中，領取薪金得到科研資助。他們的知識由於進入課堂而具有莫大的權威性。這些知識並通過其他公共傳播途徑比如報紙、期刊及後來的廣播、電視進行傳播。科學知識通過這些傳播途徑被大眾信任，因而成為真理。

在知識（真理）傳播的背後，福柯揭示了真理的政治、經濟含義。真理並不像我們想像的那樣純潔和美好。真理作為被信任的認識對人們的行為有著巨大的驅動能力。哪些認識被權力機構認為是有益於自己的，就會被權力機構所選中並進行傳播，以使公眾相信，並使公眾按照權利的意圖行動。經濟力量也如是，它通過金錢掌握傳播途徑，來傳播有利於它自己的認識，以控制公眾的行為，而使自己受益。當然不同政治制度中權力機構所代表的利益是不同的。

知識產生的第二個階段的重要意義被福柯揭示了出來，正是在這一階段知識與權力的密切關係顯現了出來。知識已經完全不是單純的認識論意義上的知識了。

以上是後現代人文學者所提出的關於科學的一些新觀念，這些新觀念對已有的信念之網形成了新的衝擊波。信念之網的波動就是新觀念與舊觀念較量的表徵。美國紐約大學理論物理學家索卡爾等人對利奧塔等人文哲學家的批判是信念衝突中的一種表徵。[6]

三、科學與哲學、科學與技術關係的異構

在後現代人文學者的視野中，他們特別探討了科學與哲學和科學與技術這兩個領域的關係。羅蒂和伽達默爾對科學與哲學著墨頗多，而利奧塔在很多地方都在談科學與技術的關係。首先看科學與哲學。

---

[6] 索卡爾和比利時魯文大學的理論物理學家布里克蒙在《知識的騙局》一書中對一些著名的後現代主義哲學家著作中有關後現代科學的方面進行分析與批判。

（一）科學的去中心化與和諧哲學的發起

後現代哲學家們對信念之網重建的另一個重要方面表現在他們對科學與哲學關係的反思與批判上。哲學家不可能不思考哲學本身的歷史。西方自文藝復興以來的哲學史從某個角度來說，是哲學與科學（一個從自身中生長出來的對手）之間的關係史。蒯因認為在信念之網中越居於核心部分的，越是具有普遍性的信念。哲學信念通常來說，因其所具有的普遍性常常是居於信念之網的核心。但是，現代科學自從哲學中分離出來，以其經驗性、實證性所確立的關於自然的最為可靠的信念。使得在科學中產生的那些具有普遍性的信念越來越居於信念之網的核心，科學也因其是這種達至真理信念的產生地而在文化中居於中心地位。科學在文化中的這種中心地位成為後現代主義哲學家反思與批判的主要內容。在這種反思與批判中，後現代哲學家重新構建科學與哲學關係的信念之網。

建構新的信念之網，是因為發現了舊的信念之網的錯誤，對舊網進行解構，然後才開始新網的建構。羅蒂認為現代哲學之網存在著無法確證的先驗假設。這一先驗假設存在於認識論之中，即認識論的思維方式假設有一個外在於我們人類的、客觀的絕對世界的信念。在這個信念中，方法、實在與真理的關係得以明確。把握真理就是把握了這個客觀世界，同時客觀世界是客觀真理的棲息地，它保證了客觀真理的存在，而我們人類要做的就是掌握達至客觀真理的方法，然後就可以一勞永逸地按照所把握的真理生活，這就是理性的生活方式。自現代科學確立以來，通過科學方法所獲得的科學知識以及科學知識所揭示的世界，使得人們越來越認為科學知識所描述的世界就是客觀世界，科學理論就是客觀真理，而獲得科學理

論的方法正是人類所追求的方法。由於認識論是現代哲學的核心，認識論對科學方法論與科學實在論的推崇，把科學納入到了哲學的核心地位，形成了科學主義。

羅蒂作為一位美國哲學家，他繼承了美國的實用主義傳統並吸收了科學史家庫恩等人的思想。他不是在認識論思維方式的內部來批判認識論，而是從另外一種思維方式出發，即從實用主義傳統出發，比如像庫恩那樣把常規科學理解為解難題，那麼就無須首先假設有一個不變而永恆的客觀世界。沒有這樣的客觀世界，也就沒有了客觀真理，那麼對這樣一種客觀方法的追求也就成為虛幻飄渺的了。羅蒂從否定前提出發，批判了作為哲學中心的認識論，更批判了作為認識論中心的科學主義。

羅蒂解構了以認識論為中心的現代哲學的信念之網後，就提出了他的後現代的哲學信念，即以「種族中心主義」為核心的後哲學文化。他的「後哲學」是指「克服人們以為人生最重要的東西就是建立與某種非人類的東西相聯繫的信念」。（羅蒂，1992，序 p.11）即他的後哲學是一種後認識論的哲學。當羅蒂取消了與非人類世界的聯繫之後，發現人所能依靠的只有人自己了，即依靠具體而豐富多彩的以種族為基礎的人群，就此形成了他的「種族中心主義」。種族中心主義表達的就是一種具體的帶有特殊性的信念之網，不同的種族由於其歷史、地理和文化等原因其信念之網不同。但是不同種族之間達成共識完全是種族之間交流的結果。這種共識就是一種新的真理觀，而不是與客觀實在的符合論。科學研究也不再是尋找不變的客觀真理，而是不斷地重織信念之網。隨著信念之網的不斷變化，進步問題也不再是走向一個仿佛事先已為我們準備好的地方，而是使人類有可能做更多有趣的事情，變成更加有趣的人。（羅蒂，

1992，p.84）科學與文學、藝術一樣不斷為我們的信念之網增添新的思想。科學並不是哲學中心，也不是文化中心。

　　伽達默爾與羅蒂一樣解構了以認識論為核心的信念之網。但是與羅蒂不同的是，他不是從否定認識論的大前提一個外在的客觀實在出發，而是追問比認識更為基礎的理解是如何發生的。伽達默爾認為理解是此在（人）本身的存在方式。理解活動存在於理解主體所生活的特定時空之中。這意味著沒有一個外在於主體的客觀世界，也就沒有存在於外在客觀世界中的真理和獲得真理的方法，那麼科學方法也不是達至客觀真理的途徑。理解不僅存在於科學研究活動中，同樣也存在於文學、藝術創作中。尤其伽達默爾認為「藝術作品中保留了個體的思想，而且是不受存在制約的自由構造，這正是那種使詩意的文本區別於科學的文本的東西」。（伽達默爾，1960，p.243）科學研究活動所獲得的思想是理解活動的一個特例。科學研究活動所達成的共識可以說是一切理解活動中最廣泛的，這種共識所延續的時間也許是最長的。科學與藝術共同形成了理解活動中的兩極。

　　伽達默爾在其哲學解釋學中取消了認識論的中心地位以及在認識論中所形成的科學主義，同時其哲學解釋學成為後現代主義哲學的一個重要組成部分。他的思想與羅蒂的思想在某種程度上是不謀而合的。他們建立了一種不依賴於科學的哲學，科學不再居於文化的中心，科學要和哲學和其他人文學科一起重新構造我們對世界的理解對人自身和自然的理解。

（二）科學成為技術和經濟的附庸了嗎？

在科學與文化的關係中，其中一個最重要的方面，也是被最大多數人所認可的方面就是科學知識通過技術轉化對社會生產力所形成的影響。默頓在研究 17 世紀英格蘭的科學、技術與社會問題時已經注意到了科學知識對社會經濟、軍事的影響。20 世紀初期，經濟學家熊比特就提出了影響經濟發展的技術創新理論，而技術創新是以科學知識為後盾的。利奧塔在 70 年代末研究最發達國家的社會狀態時，重新提出科學、技術對社會經濟、軍事發展的重要性似乎並沒有什麼特別的新意。然而，在這一具體的歷史時期即 20 世紀 70 年代的最發達國家，利奧塔通過科學知識轉化為技術對社會狀況的影響，他認識到了科學技術對個人生活方式、社會制度以及未來社會發展方向的塑造作用，而這種塑造的後果是人類難以預料和控制的。

由於科學技術在國家綜合實力對比中，佔據越來越大的比重，在當今時代科學技術也就越來越與權力聯繫在一起，科學知識問題也更是一個統治的問題。在這裏科學與權力的關係是通過技術聯繫起來的，因著科學技術的力量而獲得了新時代的統治權，在這裏科學知識是權力的後備保障。在福柯那裏，科學知識的產生是由於權力賦予知識以文化中心的地位，而使科學知識得以產生和傳播。但是，這兩者是相輔相成的，只不過在不同時代科學知識與權力之間的位置有所不同。18 世紀是權力給予科學以發展，20 世紀後期是科學技術成為權力的支撐力量。

當下最發達國家社會狀況的成因，利奧塔認為科學技術更是起到了關鍵作用。科學知識的技術轉化以及技術創新所帶來的巨大財

富或者軍事力量，這個過程所依據的原則只是一個非常冷漠的效率原則，只要效率越高就越好。利奧塔認為這種效率原則越來越成為人們的行為準則。結果在這種規則的影響下，曾經對人們具有號召力量的某些傳統的精神力量或者說宏偉敘事失去了可信性。比如對於個人的發展來說，利奧塔意識到青年人讀大學的主要目的出於一種現實的需要，即畢業後在就業市場上能夠成為具有競爭力的人才。出於這樣一種目的，在選擇專業上則趨向於「熱門」專業。當下的社會在這種效率原則的指導下重新建構，成為利奧塔筆下的後現代社會。

　　現代技術對社會發生的影響非常廣泛而深刻。比如，互聯網這一技術群落的產生極大的改變了人們的生存、生活、工作方式，以至於出現了網路哲學、網路社會學、網路文化等研究領域。但是從邏輯的觀點看，現代技術的強大力量是有一個依託的或者說有一個源泉，那就是現代科學。這也是人們通常的觀點，既認為科學知識是現代技術的基礎和來源。只有某種科學知識產生了，與之相關的技術才隨後有可能出現。以至於人們形成了這樣的觀點即科學知識決定著技術的發展。真的如此嗎？利奧塔給出了不同的看法，他認為在一定意義上「科學與技術關係顛倒過來了」（利奧塔，1979，p.97）。

　　當下時代的技術主要來源於科學，然而它並不是科學的附庸或者簡單的延伸。技術具有強大而獨特的力量和標準，這種力量和標準的風格與科學相比是非常不同的。利奧塔把技術所形成的標準叫做性能（performance）標準，既「為了獲得性能而增加輸出（獲得的資訊或變化），減少輸入（消耗的能量）」。（利奧塔，1979，p.93）他認為性能標準是當下社會的一個重要而普遍的標準。

　　在科學研究方面，技術的性能標準表現在獲得證據進行證明方面。技術的好壞優劣足以影響科學證據的有效性和可信性，既「性能在增加舉證的可能性時，也確實增加了有理的可能性」。（利奧塔，1979，p.96）在舉證過程中所涉及的儀器、設備等等需要大量的資金，這些資金的數目可高達上千萬美元，這種力度的資助只能來自於政府和企業，而不是科學家個人的力量所能達到的，不像 16 世紀的羅伯特‧波義爾在自己的莊園裏就可以做他喜歡做的研究。政府和企業投資進行科學研究的目的是為了獲得更高的利潤，只不過這種利潤有的是近期就可以獲得，有的是長期但更高的回報，既應用研究和基礎研究。用於這兩種研究的資金比例的現實情況是，從各個國家的科技投入情況中可以看出，用於應用研究的資金幾乎占到 90%左右。這樣一個數字表明從事研究開發工作的研究人員比如工程師或者說應用科學家佔據絕對優勢的比例。他們的成果表現為專利或者是技術創新產品。這種成果與學術論文所遵從的規律不一樣，它們服從的不是真假原則，而是性能或者說效率原則。

　　在這種原則的引導下，科學研究變成了輔助性工作，只有當應用科學家在現存的知識庫中找不到解決辦法，需要從基礎研究開始的時候，才涉及到科學。投資人進行投資的一個重要評價標準也是看研究機構的性能和效率，具體說是專利的數量、成果轉化的比例以及技術創新的結果。這導致研究機構的制度和組織發生了巨大變化，「那些在企業中佔優勢的工作組織規範也進入了應用研究實驗室：等級制、確定工作、建立班組、評估個人和集體的效率、制定促銷方案、尋找客戶，等等」。（利奧塔，1979，p.95）到 2005 年 9 月止，美國的 150 多所研究型大學已經有 149 所開始進行技術轉移。

評估的標準不僅僅是學術論文的水準而是大學教授開辦了多少科學
技術衍生公司，出讓知識產權獲得多少收入。

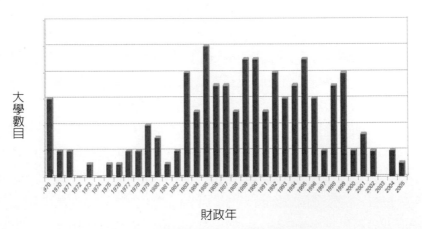

財政年

圖-2　美國大學技術轉移開始年份

（來源：AUTM：FY2005）

　　科學家的行為規範從 CUDOS（默頓提出的科學家的行為規範的
英文縮寫，即普遍主義、公有主義、無私利性、有條理的懷疑主義）
變成了 PLACE（所有者所有，局部的，權威管理，被定向的，作為
專家）。資本主義已經能夠使推動科學的對知識的無窮欲望從屬於自
己，並且讓科學的成就經受它自己的技術性標準的檢驗：即要求成
本／利潤（投入／產出）的比率無窮最大化的表現的標準。

　　由此我們看到，當懷著探索神奇的大自然的願望進行科學研究
的人們，當他（她）們進入到職業科學家行列中卻發現他們的研究
方向嚴重的受到投資人的影響，不遵從投資人的意願就沒有研究經

費，也就沒有提出證據的力量，那麼個人的思想也只能自我把玩、欣賞。當然，如果個人研究方向正好與出資人的想法一致，則是非常幸運的，不幸的是這種幾率比較低。貝爾實驗室在 20 世紀 90 年代的情況正是這樣一個實例。貝爾實驗室從 1990 年代初開始，在技術創新效率不高的市場壓力下，努力改變基礎研究者的象牙塔心態，開始與產品開發商進行史無前例的緊密合作。貝爾實驗室當時的掌舵人 Bishop 說，強調應用之後，工作方式有時會顛倒過來，變成從應用回溯科學。」

　　總的來說，從科學研究的自由性出發，產生的結果卻是技術規訓科學，科學成為高新技術的助產士。或者說科學新思想的種子的萌發是自由的，然而哪一粒種子能夠獲得肥沃的土壤（一流的人才、精密儀器設備、豐厚的資金）就要看它的社會應用前景如何。從一定程度上可以說技術規劃了科學的未來走向，只有那些具有重大應用前景的科學思想才具有光明的前途。牛頓時代為探索宇宙奧秘的自然哲學家式的人物在當代已經成為另類。科學與技術的關係顛倒過來了。在此基礎上利奧塔所使用的一個頻率比較高的辭彙 Techno-Science 在此也就有一個比較好的理解了。

　　過去的 300 年中科學從哲學、宗教中脫穎而出，逐漸佔據了文化的中心，與資本主義一起成就了現代性。而現今居於文化中心的科學在內受到了哲學的批判，在外受到經濟、技術的引誘成為其附庸，科學的行為氣質更多的帶有了經濟的銅臭味，技術的冷漠和效率。科學的狀況是否出現了危機。在文化上不斷批判科學中心主義，認為科學應當與哲學、藝術、文學應處於同等地位；而在生產力上成為技術的附庸，在市場經濟制度下，代表理性的科學成為了代表欲望的經濟的奴隸。而人文藝術世界的力量也遠遠不能對抗欲望洶

湧的市場，除非它與欲望合謀製造經濟的盛宴。這個盛宴已經擺開
就是文化產業的興起。

外國人名譯名表

A

Aristotle.. 亞里士多德

B

Bachelard, Gaston .... 巴什拉

Bacon, Francis.. 培根

Barnes, Barry .... 巴恩斯

Baudrillard, Jean .... 鮑德里亞

Best, Steven... 貝斯特

Birch, Charles .... 伯奇

Bohm, David... 博姆

Boyd, Richard N. .... 博伊德

C

Canguilhem, Georges... 康紀萊姆

Carnap, Rudolf... 卡爾納普

Collins, Harry... 柯林斯

Comte, Auguste... 孔德

D

Darwin, Charles Robert ....達爾文

Davidson, Donald Herbert ....戴維森

Deleuze, Gilles...德勒茲

Derrida, Jacques..德里達

Descartes, Rene..笛卡兒

Dewey, John..杜威

Dilthey, Wilhelm..狄爾泰

Dumézpil ....杜梅澤爾

F

Ferre, Frederick..費雷

Feyerabend, Palu K...費耶阿本德

Foucault, Michel..福柯

Freedman ....弗里德曼

Frege, Gottlob ....弗雷格

Fuller, Steve ....富勒

G

Gadamer, Hans-Georg ....伽達默爾

Galieo, Galilei..伽利略

Godel, Friedrich Kurt..哥德爾

Gray, Chris Hables ....格雷

Griffin, David Ray ....格里芬

Guattri,Felix...加塔利

Nowotny, Helga .... 諾沃特尼

P

Peters, Michael.. 彼德斯

Plato .... 柏拉圖

Popper, Karl .... 波普爾

Prigogine, I... 普里高津

Putnam, Hilary .... 普特南

Q

Quine, Willard Van Orman... 蒯因

R

Rajchman .... 雷吉齊曼

Ricoeur, Paul.. 利科

Rosenau, Pauline Marie .... 羅斯諾

Rorty, Richard .... 羅蒂

S

Schaffer .... 謝佛

Schleiermacher, F.. 施萊爾馬赫

Schelling, F.. 謝林

Schlick,M. .... 石里克

Sellars, Wilflid .... 塞拉斯

Shapin, Steven... 夏平

參考文獻

AUTM (2005). AUTM U.S. Licensing Survey: FY 2005. Association of University Technology Managers.2005.

Best, Steven and Douglas Kellner (1997), The Postmodern Turn, New York · London: the Guilford Press.

Bloland, Harland (1995), "Postmoderiism and Higher Education", Journal of Higher Education, September- October, 1995, Vol.66, No.5.

Christensen (ed.) (1983), Contemporary German Philosophy, University Park and London: The Pennsyl Vania State University Press.

Derrida (1962), Edmund Husserl's Origin of Geometry An Introduction, translated by John P. Leavey (1989), Lincoln and London: University of Nebraska Press.

Foucault (1963), the Birth of the Clinin: an Archaeology of medical perception, translated by A. M. Sheridan (1973), New York: Pantheon.

Foucault (1966), the Order of Things: an Archaeology of the Human Science, New York: Random House (1973).

Foucault (1969), the Archaeology of Knowledge, translated by Sheridan Smith, New York: Pantheon Books.

Fuller, Steve (1992), "Being There with Thomas Kuhn: A Parable for Postmodern Times", History and Theory Vol.31: 241-75.

Fuller, Steve (1994), "The Reflexive Politics of Constructivism", in Nowotny, Helga and Klaus Taschwer (1996) (ed.)

Gadamer (1970), "History of Science and Practical Philosophy", in Darrel E. Christensen (ed.) (1983).

Gadamer (1981), "Science and the Public", Universitas, 1981, Vol.23, No.3.

Gadamer (1997), "Reflections on My Philosophical Journey", in Lewis Edwin Hahn (1997) (ed.).

Gray, Chris Hables, "The Game of Science: As Played by Jean-Francois Lyotard", Studies in History and Philosophy of Science, 1996, Vol. 27.No.3.

Groot, Door Ger. "Jean-Francois Lyotard, (1924-1998): Postmodern theoreticus", Amsterdam: NRC Handelslblad. April 21,1998.

Gutting, Gary (1989), Michel Foucault's Archaeology of Scientific Reason, Cambridge: Cambridge University Press.

Haber, Honi Fern (1994), Beyond Postmodern Politics: Lyotard, Rorty and Foucault, New York・London: Routledge.

Hacking, Ian (1979), "Michel Foucault's Immature Science", in Barry Smaart (1994).

Hahn, Lewis Edwin (1997), the Philosophy of Hans-Georg Gadamer, Chicago and La Salle: Open Court Publishing Company.

Humboldt (1910), "Uber die innere und aussere Organisation der hoheren wissenschaftlichen Anstalten in Berlin", in Wilbelm von Humboldt, Frankfurt, 1957. 轉引自利奧塔 1979, 72.

Hunt, Alan and Gary Wickham (1994), Foucault and Law: Towards a Sociolilgy of Law as Governance. New York・London: Routledge.

Jameson,Fredric(1984), "Foreword for the Postmodern Condition", in the Postmodern Condition:a Report on Knowkedge, Minneapolis: University of Minnesota Press.

Kiziltan, Mustafaü., Wloolam J. Bain and Anita Canizares (1990), "Postmodern Conditions: Rethinking Public Education", Educational Theory, Summer 1990, Vol.40, No.3.

Laudan, Larry (1990), "the History of Science and the Philosophy of Science", in Olby, Cantor, Christie and Hodge (1990).

Leavey, John P. (1978), "Preface: Undecidables and Old Names", in Derrida (1989).

Leplin, Jarrett (ed.) (1984), Scicetific Realism, Berkeley Los Angeles London: University of California Press.

Lyotard (1979), the Postmodern Condition, in the Postmodern Condition: a Report on Knowkedge, Minneapolis: University of Minnesota Press.

Lyotard (1988a), the Inhuman: Reflections on Time, Polity Press(1991).

Lyotard (1988b), Peregrinations: Law, form, event, New York: Columbia University Press.

Maggiori, Robert,(1998) " Jean-Francois Lyotard, postortem: Le philosophe, èlabortateur du postmoderne, est mort à 73 ans", Libération.April 22,1998.

Nowotny, Helga and Klaus Taschwer (1996) eds., The Socilology of the Sciences Vol.1&2, Edward Elgar Publishing Limited.

Olby, Cantor, Christie and Hodge (edited)(1990), Companion to the History of Modern Science, London and New York: Routledge.

Palmer, Richard E. (1982), Hermereutics: Interpretation Theory in Schleiermacher, Dithey, Heidegger and Gadamer. Evanston, Illinos: Northwestern University Press.

Peters, Michael (1989), "Techno-Science, Rationality, and the University: Lyotard on the 'Postmodern Condition' ", educational Theory, Spring, Vol.39, No.2.

Rorty, Richard (1991), "Is Natural Science Natural Kind?", in Objectivity, Relativism, And Truth, Cambridge: Cambridge University Press.

Rorty, Richard (1994), "Method, Social Sceience, and the Hope", in Seidman, S.(1994).

Saxon, Wolfgang (1998), "Jean-Francois Lyotard, 73, Dies; Philosopher of the Postmodern", .New York:New York Times. April 25,1998.

Seidman, Steven (ed.) (1994), The Postmodern Turn: New Perspectives on Social Theory, Cambridge University Press.

Sim, Stuart (1996), Jean-Francois Lyotard, New York: Harvester Wheatsheaf.

Simons, Jon (1995), Foucault and the Political, London, New York: Routledgl.

Smart, Barry (ed.) (1994), Michel Foucault: Critical Assessments, London and New York: Routledge.

van Fraassen (1984), "to Save the Phenomena", in Jarrett Leplin (1984).

Williams, Bernard (1985), Ethics and the Limits of Philosophy, Cambridge: Harvard University Press.

Ziman, John (1996), "Is science losing its objectivity?", Nature, Vol.382, 29 August .

阿蘭・布托（1991），《海德格爾》，呂一民譯（1996），北京：商務印書館。

埃里蓬（1997），《權力與反抗──福柯傳》，謝強、馬月譯，北京：北京大學出版社。

波普爾（1968），《猜想與反駁──科學知識的增長》，傅季重等譯（1986），上海：上海譯文出版社。

曹天予（1990），「科學、後現代與左派政治」，《讀書》，1990年第7期。

曹天予（1993），「魅力與危險」，《自然辯證法通訊》，第 15 卷，第 3 期。

曹天予（1994），「社會建構論意味著什麼？」，《自然辯證法通訊》第 16卷，第4期。

曹天予（2000），「科學和哲學中的後現代性」，《哲學研究》，2000年，第2期。

陳啟偉主編（1992），《現代西方哲學論著選讀》，北京：北京大學出版社。

陳健（1997），《科學劃界》，北京：東方出版社。

戴維森（1993），《真理、意義、行動與事件》，牟博編譯（1993），北京：商務印書館。

德勒茲（1986），「作為藝術品的生命」，載德勒茲（1990）。

德勒茲（1990），《哲學與權力的談判——德勒茲訪談錄》，劉漢全譯（2000），北京：商務印書館。

杜威（1977），「現代思想中的實用主義運動（提綱）」，選自陳啟偉主編（1992）。

杜小真選編（1998），《福柯集》，上海：上海遠東出版社。

費雷，弗雷德里克（1988），「宗教世界的形成與後現代科學」，載格里芬（1988）。

費耶阿本德（1990），《自由社會中的科學》，蘭征譯（1990），上海：上海譯文出版社。

費耶阿本德（1992），《反對方法》，周昌忠譯，上海：上海譯文出版社。

福柯（1965），「至康紀萊姆的一封信」，轉引自，迪迪埃‧埃里蓬（1997）

福柯（1969），《知識考古學》，謝強、馬月譯（1998），北京：生活‧讀書‧新知三聯書店。

福柯（1971），「論人性：公正與權力的對立」，載杜小真（1998）。

福柯（1975），《規訓與懲罰——監獄的誕生》，劉北成、楊遠嬰譯（1999），北京：生活‧讀書‧新知三聯書店。

福柯（1976a），「米歇爾‧福柯訪談錄」，載杜小真（1998）。

福柯（1976b），《必須保衛社會》，錢翰譯（1999），上海：上海人民出版社。

福柯（1978），「康紀萊姆《正常與病理》一書引言」，載杜小真（1998）。

福柯（1983），「結構主義與後結構主義」，載杜小真（1998）。

弗里德曼（1998），「論科學知識社會學及其哲學任務」，《哲學譯叢》，1999 年第 2 期。

格里芬（1988）編，《後現代科學》，馬季方譯（1995），北京：中央編譯出版社。

郭貴春（1998），《後現代科學哲學》，長沙：湖南教育出版社。

哈貝馬斯（1980），「論現代性」，王岳川、尚水（1992）。

哈奇，林達（1988），《後現代主義詩學》，載王岳川、尚水 1992。

哈桑（1987）：「後現代主義概念初探」，趙一凡等譯（1999）。

海德格爾（1962），「現代科學、形而上學和數學」，載《海德格爾選集》，孫周興選編（1996），上海：上海三聯書店。

漢金斯（1995），《科學與啟蒙運動》，任定成、張愛珍譯（2000），上海；復旦大學出版社。

漢森（1983），《發現的模式》，邢新力、周沛譯（1983），北京：中國國際廣播出版社。

賀雪梅（2000），《羅蒂新實用主義方法論評析》，北京大學碩士研究生學位論文。

胡塞爾（1936），《歐洲科學的危機與超驗現象學》，張慶熊譯（1988），上海：上海譯文出版社。

懷特海（1932），《科學與近代世界》，何欽譯（1997），北京：商務印書館。

伽達默爾（1960），《真理與方法》，洪漢鼎譯（1992），上海：上海譯文出版社。

伽達默爾（1981a），「論科學中的哲學要素與哲學中的科學特性」，載《科學時代的理性》，薛華等譯（1983），北京：國際文化出版公司。

伽達默爾（1981b），「哲學還是科學論」，載《科學時代的理性》。

伽達默爾（1983），「作為啟蒙之工具的科學」，載《讚美理論——伽達默爾選集》，夏振平譯（1983），上海：生活・讀書・新知三聯書店上海分店。

克拉夫特（1953），《維也納學派》，李步樓、陳維杭譯（1998），北京：商務印書館。

柯林斯、瑞斯提佛（1983），「科學社會學的發展、分殊與衝突」，載莫爾凱 1991。

庫恩（1979），《必要的張力》，紀樹立等譯（1981），福州：福建人民出版社。

蒯因（1980），「經驗主義的兩個教條」，載《從邏輯的觀點看》，江天冀譯（1987），上海：上海譯文出版社。

拉瓦錫（1790），《化學基礎論》，任定成譯（1993），武漢：武漢出版社。

勞丹（1977），《進步及其問題》，方在慶譯，上海：上海譯文出版社，1991.

利奧塔（1979），《後現代狀態：關於知識的報告》，車槿山譯（1997），北京：生活・讀書・新知三聯書店。

利奧塔（1984a），「關於敘事的旁注」，《後現代性與公正遊戲》談瀛洲譯（1997）。

利奧塔（1984b），「知識份子的墳墓」，《後現代性與公正遊戲》。

利奧塔（1985a），「對『何為後現代主義？』這一問題的回答」，《後現代性與公正遊戲》，談瀛洲譯（1997）。

利奧塔（1985b），「進入新階段的門票」，《後現代性與公正遊戲》，談瀛洲譯（1997）。

李三虎（1998），「科學與語言遊戲」，《現代哲學》，1998 年第 3 期。

李銀河（2001），《福柯與性——解讀福柯〈性史〉》，濟南：山東人民出版社。

李澤厚（1979），「批判哲學的批判」，載《李澤厚哲學文存》（2000），
　　合肥：安徽文藝出版社。

劉北成（2000），《福柯思想肖像》，上海：上海人民出版社。

羅蒂（1979），《哲學和自然之鏡》，李幼蒸譯（1987），北京：三聯書店。

羅蒂（1983），「協同性還是客觀性」，載《哲學和自然之鏡》。

羅蒂，哈德遜，范‧雷任（1983），「美國哲學家羅蒂答記者問」，《哲學
　　譯叢》，1983 年第 4 期。

羅蒂（1987），「中譯本作者序」，載《哲學和自然之鏡》。

羅蒂（1992），《後哲學文化》，黃勇譯，上海：上海譯文出版社。

羅斯諾（1992），《後現代主義與社會科學》，張國清譯（1998），上海：
　　上海譯文出版社。

默頓（1970），《17 世紀英國的科學、技術與社會》，範岱年等譯（1986），
　　四川：四川人民出版社。

莫爾凱（1991），《科學與知識社會學》，蔡振中譯，臺北：巨流圖書公
　　司。

莫偉民（1996），《主體的命運──福柯哲學思想研究》，上海：上海三
　　聯書店。

普里高津（1988），「熵的意義」，《大自然探索》，1988 年第 1 期。

秦喜清（2002），《讓-弗‧利奧塔》，北京：文化藝術出版社。

索卡爾，在 Lingua Franca 上的談話，轉引自曹天予「科學、後現代與
　　左派政治」，《讀書》，1998，（7）。

索卡，布里克蒙（1998），《知識的騙局》，蔡佩君譯（2001），臺北：時
　　報出版。

王賓（1998），《後現代在當代中國的命運──主體性的困惑》，廣州：
　　廣東人民出版社。

王岳川、尚水編（1992），《後現代主義文化與美學》，北京：北京大學
　　出版社。

王治河（1999），《福柯》，長沙：湖南教育出版社。

威廉姆斯（2002），《利奧塔》，哈爾濱黑龍江人民出版社。

韋伯（1976），《經濟與社會》上卷，林榮遠譯（1997），北京：商務印書館。

韋斯特福爾（1977），《近代科學的建構——機械論與力學》，彭萬華譯（2000），上海：復旦大學出版社。

維特根斯坦（1953），《哲學研究》，李步樓譯（1996），北京：商務印書館。

嚴平（1998），《走向解釋學的真理》，北京：東方出版社。

楊豔萍（2001a），「利奧塔研究述評」，《哲學動態》，2001 年第 2 期。

楊豔萍（2001b），「論利奧塔的『科學遊戲』與『合法化』」，《哲學研究》，2001 年第 3 期。

葉闖（1996），《科學主義批判與技術社會批判》，臺北：淑馨出版社。

葉秀山（1989），「意義世界的埋葬——評隱晦哲學家德里達」，《中國社會科學》，1989 年第 3 期。

袁鐸（2000），「試論利奧塔對科技理性主義的哲學批判」，《現代哲學》，2000 年第 4 期。

詹姆士（1943），《實用主義》，陳羽綸、孫瑞禾譯（1994），北京：商務印書館。

趙一凡（選編）（1999），《後現代主義》，北京：社會科學文獻出版社。

後記

　　這本書是作者博士論文的修改本。在講課與書稿的修改過程中，我深深認識到了進行科學文化與非科學文化之間的問題研究是一個多麼複雜的主題。在理論層面上，在中國存在著科學文化與非科學文化關係的問題，現代科學文化與中國傳統文化關係的問題；而在現實中，通過與學生的交流，發現中國現實中的教育過多的注重科學知識的傳授，而科學思想、科學當中的思維方法、科學中所孕育的人文精神在教學中卻顯得過於貧乏。面對這樣一些理論與現實問題，作者所作的「後現代人文視野中的科學」研究實在覺得很是微不足道，但是筆者借後現代主義人文學者之眼，窺見了科學與文化關係中的一些端倪。借著這些線索，我也就確立了今後的研究方向。

　　本書的研究與寫作，沒有導師任定成教授的認真指導、專業示範和學術教誨，是不可能完成的。任定成教授嚴謹的治學態度與卓越的學術鑒賞力，使我獲益非淺。在此謹向為我的論文付出了辛苦和汗水的任教授表示誠摯的謝意！

　　在讀博士期間，北京大學科學與社會研究中心的孫小禮教授、傅世俠教授、任元彪副教授、王駿副教授對作者的學業提供了寶貴的教導和指點。在北京大學趙光武教授主持的「後現代主義哲學」討論班上，共同參與討論的中國社會科學院的劉文璿副教授、中國

政法大學的文兵副教授、北京大學的李少軍副教授，首都師範大學的楊升平教授等為本書的寫作思路提供了啟發和建議。對於所有這些（以及其他未提到的）指導、支持、鼓勵和幫助，作者一併表示感謝。

感謝臺灣紅螞蟻公司李錫東先生以及秀威資訊科技宋政坤先生為本書出版提供的真誠幫助。

最後，我還要感謝我的先生劉偉見，他是我學術道路上的同行者。我的每一篇文章也包括本書中都有他的辛勤汗水。常常至夜半的學術探討和爭執，使我感到清苦的學術研究之路是那樣的生機盎然。

楊豔萍

2007 年 7 月 18 日

國家圖書館出版品預行編目

科學觀的人文重構－後現代人文視野中的科學 /
　楊豔萍著. -- 一版. -- 臺北市：秀威資訊
科技, 2008. 02
　　面；　　公分. -- (哲學宗教類；AA0009)
參考書目：面

　　ISBN 978-986-6732-88-1(平裝)

301　　　　　　　　　　　　　97003173

 哲學宗教類　AA0009

科學觀的人文重構
──後現代人文視野中的科學

作　　者 / 楊豔萍
發 行 人 / 宋政坤
執行編輯 / 林世玲
圖文排版 / 張慧雯
封面設計 / 莊芯媚
數位轉譯 / 徐真玉　沈裕閔
圖書銷售 / 林怡君
法律顧問 / 毛國樑　律師
發行印製 / 秀威資訊科技股份有限公司
　　　　　　台北市內湖區瑞光路 583 巷 25 號 1 樓
　　　　　　電話：02-2657-9211　　　傳真：02-2657-9106
　　　　　　E-mail：service@showwe.com.tw
經 銷 商 / 紅螞蟻圖書有限公司
　　　　　　台北市內湖區舊宗路二段 121 巷 28、32 號 4 樓
　　　　　　電話：02-2795-3656　　　傳真：02-2795-4100
　　　　　　http://www.e-redant.com

2008 年 2 月 BOD 一版
定價：200 元

讀 者 回 函 卡

感謝您購買本書，為提升服務品質，煩請填寫以下問卷，收到您的寶貴意見後，我們會仔細收藏記錄並回贈紀念品，謝謝！

1.您購買的書名：_____

2.您從何得知本書的消息？

　　□網路書店　□部落格　□資料庫搜尋　□書訊　□電子報　□書店

　　□平面媒體　□ 朋友推薦　□網站推薦 □其他_____

3.您對本書的評價：(請填代號　1.非常滿意 2.滿意 3.尚可 4.再改進)

　　封面設計____　　版面編排____　　內容____　　文/譯筆____　　價格____

4.讀完書後您覺得：

　　□很有收獲　　□有收獲　　□收獲不多　　□沒收獲

5.您會推薦本書給朋友嗎？

　　□會　□不會，為什麼？_____

6.其他寶貴的意見：_____

　　_____

　　_____

　　_____

讀者基本資料

姓名：_____　年齡：_____　性別：□女 □男

聯絡電話：_____　E-mail：_____

地址：_____

學歷：□高中(含)以下　　□高中　　□專科學校　　□大學

　　　□研究所(含)以上 □其他_____

職業：□製造業 □金融業 □資訊業 □軍警 □傳播業 □自由業

　　　□服務業 □公務員 □教職　□學生 □其他_____

To：114

台北市內湖區瑞光路 583 巷 25 號 1 樓

秀威資訊科技股份有限公司　　　收

寄件人姓名：

寄件人地址：□□□

(請沿線對摺寄回,謝謝!)

秀威與 BOD

BOD（Books On Demand）是數位出版的大趨勢,秀威資訊率先運用 POD 數位印刷設備來生產書籍,並提供作者全程數位出版服務,致使書籍產銷零庫存,知識傳承不絕版,目前已開闢以下書系：

一、BOD 學術著作—專業論述的閱讀延伸
二、BOD 個人著作—分享生命的心路歷程
三、BOD 旅遊著作—個人深度旅遊文學創作
四、BOD 大陸學者—大陸專業學者學術出版
五、POD 獨家經銷—數位產製的代發行書籍

BOD 秀威網路書店：www.showwe.com.tw
政府出版品網路書店：www.govbooks.com.tw

永不絕版的故事・自己寫・永不休止的音符・自己唱